文史资料专辑第 29 辑

中国婺派建筑

洪铁城 著

U0318602

中国建筑工业出版社

图书在版编目（CIP）数据

中国婺派建筑／洪铁城著. —北京：中国建筑工业
出版社，2018.6
ISBN 978-7-112-22344-2

Ⅰ. ① 中… Ⅱ. ① 洪… Ⅲ. ① 建筑艺术–金华
Ⅳ. ① TU-862

中国版本图书馆CIP数据核字（2018）第126695号

卷 首 语：洪铁城撰稿，郑和新书法
金石印章：陈金彪篆刻

责任编辑：马　红　边　琨　兰丽婷
版式设计：锋尚设计
责任校对：王　瑞

中国婺派建筑
洪铁城　著
＊
中国建筑工业出版社出版、发行（北京海淀三里河路9号）
各地新华书店、建筑书店经销
北京锋尚制版有限公司制版
北京富诚彩色印刷有限公司印刷
＊
开本：880×1230毫米　1/16　印张：26　字数：442千字
2018年12月第一版　　2018年12月第一次印刷
定价：268.00元
ISBN 978-7-112-22344-2
　　　　（32224）

序

谢辰生

我与洪铁城同志认识几十年了，在中国
文物学会传统建筑园林学术委员会的好多次
会议上，去衢州、龙游、武义、兰溪、东阳
等地古村落、古建筑的考察中，还有某些保
护区规划设计的讨论会上，见面机会也不少。

记忆犹新的是2005年12月初，他邀请我
与罗哲文先生、吕济民老局长等人到浙江。

第一站是缙云县，有个始建于唐季钱镠
王年代的河阳村，规模不小，保护得相当完
整，后来评上了国家级历史文化名村。

第二站是磐安县。先看盘峰乡榉溪村，这里有铁城同志好多年前发现的"婺州南
宗"孔氏家庙，可以改写中国文化史上"北有曲阜，南有衢州"的定论，"南孔"从此
变成两个；另一处是玉山镇的茶叶交易市场和茶场庙，清代遗构。两个项目考察结束，
我与罗先生跟县委书记和县长说：家庙申报"国保"，我们都会投一票，因为保护"婺
州南宗"榉溪孔氏家庙的意义不在建筑，而在历史文化。茶叶市场属稀缺的建筑类型，
极为宝贵。次年六月，两个都被国务院公布为国家重点文物保护单位。

第三站到金华市的金东区，时任市人大常委会主任与市文化局局长及区领导都赶来
了，我们一起考察山头下村，还有傅村镇铁门巷的清代建筑惟善堂——它在走廊下埋了
十八只陶质水缸，名曰"太平缸"，通过檐沟与落水管系统收集屋面雨水作消防贮备水
源，这是古人的建筑智慧所在，是极为难得、极为科学的雨水回收利用装置与消防设施。
最后一站安排考察金华市区古建筑及婺城区的寺平村。

铁城同志给我的印象是实干，有责任心，而且看得很准。

通过几十年的研究，今天，铁城同志推出殊为难得、颇有建树的研究成果《中国婺

派建筑》一书。字里行间与图片中，无不体现了他对家乡建设的挚爱，对"婺派建筑"的孜孜以求，以及通过建筑追寻历史文化的执着和学术积淀。

全书406页，分上、下卷。

上卷以文字为主。他对"婺派建筑"用"五大特征"作了介绍，用"六大智慧"作了分析，用"六大价值"作了概括。并将"婺派建筑"与国内几大传统民居作对比研究，分析了彼此间的异同之处。特别在"婺派建筑"与徽州的"徽派建筑"对比研究中，他发现外部造型不同，空间结构不同，体量大小不同，内外装饰特色不同，其本质是文化源流体系不同所形成的。他认定"婺派建筑"是儒家传人创造的生存空间与环境。最后铁城同志写下："在中国建筑文化百花园里，各有各的存在意义与价值，谁也不可能替代谁，谁也不可能吃掉谁，谁也不可能兼并谁"，我赞同。

下卷是数百张照片。按"婺派建筑"的"五大特征"与"六大智慧"，还有非物质文化遗产及各种匠师，另加上可以说明几百年来活态存在、男女老少冬暖夏凉地安居其间的生活照等为章节，分门别类，编排得很合理，很精彩，很有说服力。

是为序。

2018年3月16日于北京

生於斯成於斯名於斯的婆派建築
是物化了的四書五經唐詩宋詞朱
子家訓融經史子集之精華涵琴棋
書畫之神韻集八婓百工之智慧具
中國儒家形象氣質興品位是儒家
文化的產物很禮儀很家園很大匠
很中國有著不可低估的歷史文化
科學藝術社會和經濟價值是中國
國學的活標本活化石將永遠屹立
於中華民族之林

歲在戊戌春月洪鐵城撰文
東白山人鄭和義書

目　录

序
谢辰生

---------------- 上　卷 ----------------

下　卷

篆刻：陈金彪

上卷

第一章　背景资料

一、区位与沿革

（一）金华位于省域"肚脐眼"

位于浙江省中部"肚脐眼"上的金华市，素有"浙江之心"的称誉。这片美丽、温馨又多情的土地，南接松阳、丽水与缙云，北界建德、诸暨与嵊州，东毗天台与仙居，西邻龙游与遂昌，古称"婺州"，领八县，有"八婺"之谓。

（二）2200余年建城历史

金华因"地处金星与婺女两星争华之处"而得名。

自秦王嬴政二十五年（公元前222年）建县，金华已有2200多年历史。

其建制沿革简而述之：秦、汉时金华属会稽郡，三国吴宝鼎元年（公元266年）置郡名东阳，隋开皇十三年（公元593年）改置婺州，后多次更改郡号。

二、古时辉煌

（一）金华是全国四大造船基地之一

《中国通史》有载，宋时金华是全国四大造船基地之一，是全国著名的大都市。水陆交通十分方便，东阳江、武义江浩浩荡荡反常规地从东往西流到金华城中合为婺江，然后经兰江、衢江、富春江、钱塘江转运河，乘船可以风雨无阻地直抵宋都城汴京或临安。这在当时是非常了不起的快速交通系统。

（二）金华是国家级理学中心、大本营

宋时金华还是国家级的理学中心。具体表现有以下两点：

其一，金华出了声名显赫的大理学家、大教育家吕祖谦、陈亮、唐仲友等人。其中吕祖谦与朱熹、张栻被世人称为"东南三贤"。吕祖谦创建的"婺学"与朱熹的"理学"、陆九渊的"心学"齐名并鼎足相抗。全祖望在《宋元学案》评述："宋乾淳以后，学派分而为三：朱学也，吕学也，陆学也。三家同时，皆不甚合。"

其二，吕祖谦因胞弟吕祖俭协助，创建了与岳麓书院齐名的丽泽书院。"四方之士争趋之"，培养了大批学者，一直影响到明代的学风。据记载连朱熹、张栻这些大儒、大教育家都非常愿意把子女送到吕祖谦门下。

（三）金华是全国四大印书中心之一

《中国通史》有载，宋时金华经济相当繁荣，还是全国四大雕版印书中心之一。

金华为什么能获此殊荣呢？分析：

其一，金华印书业得到了东阳木雕技艺的支持，这是很多地方不可比拟的。

其二，金华是国家级的理学中心，重视教育与研究成果通过印刷得以交流传播。

其三，金华各县市读书人多，值得印刷的书很多。

下举实例可见一斑：东阳市巍山镇古渊头村，至今仍完好地保存着几大箱《春秋纪传》雕版。这套书在《四库提要》中有载："清朝李凤雏撰。凤雏字梧冈，东阳人，康熙中由拔贡生官曲江县知县。是书变编年之体，从史迁之例。"这说明什么？说明本地人撰写的书稿，通过雕版印刷在传播。

三、当代荣光

（一）一个宜居宜商宜学宜游之去处

金华属亚热带季风气候，一年四季风调雨顺。气候没有酷寒、奇热，也没有地震、飓风、雷雨、冰雪之类特大自然灾害；沃野千里，水源充沛，物产丰富；北山有双龙洞洞中瀑布，南山有达摩祖师呆过几十年的九峰禅寺；金华城处于义乌江、武义江、婺江交汇之地，风光秀丽，十分宜居、宜商、宜学、宜游。

（二）城市、农村一二三产业融合发展

金华为国家二线城市，辖兰溪、义乌、东阳、浦江、磐安、永康、武义和婺城、金东等9个县、市、区，土地面积10942平方公里，统计人口545万人。

金华山水林田湖草系统治理得力，城市、农村一二三产业融合发展，现拥有国家级历史文化名城、全国卫生城市、中国十佳宜居城市、中国最安全城市、全国双拥模范城、全国科技进步先进城市、全国十佳和谐城市等称号。

金华中心城区是华东地区重要的铁路、高速公路交通枢纽，对外已形成铁路、公路、水路和航空的综合运输网络。

（三）拳头产品闻名海内外

诸如义乌国际商贸城，是全球规模最大的小商品市场。

诸如东阳木雕、东阳建筑与横店影视城，其中影视城被誉为"东方好莱坞"。

诸如永康科技五金，其中防盗门的销售量占全国一大半份额。

此外还有浦江水晶与书画，有磐安原生态游，有武义温泉泡澡，有兰溪的诸葛八卦村等等。

又及市区双龙洞、达摩峰、双尖山、黄大仙叱石成羊以及特产佛手、火腿、酥饼等等。

这些"拳头产品"，不但国人而且连很多外国人也知道，甚至亲历及品尝过，为之赞叹不已，流连忘返。

第二章　概念确立

一、婺派建筑概念诠释

（一）"婺派建筑"作为文化概念的提出

本书写的"婺派建筑"，指金华各县市（特别是东阳、义乌、浦江、永康、磐安、武义）包括市域外围婺文化区内，保存下来的明清大宅院居住建筑。

以东阳为例，这些大宅院居住建筑见文字于唐代，存实例为明早期，巅峰期是清早、中、晚期，可谓历史悠久。但引起学者专家关注，只有60年左右时间；而作为"婺派建筑"文化概念提出并确定，才二三十年时间。

"婺派建筑"有别于北京四合院、福建客家土楼、西双版纳干栏式竹楼、四川吊脚楼民居、陕西窑洞民居、西藏碉楼式民居、蒙古包等等地方传统建筑。

提出"婺派建筑"概念更主要的理由，是因为"婺派建筑"完全有别于20世纪90年代初开始闻名海内外的"徽派建筑"，而很多人把"婺派建筑"误解为"徽派建筑"，故此相对应地提出这一概念。

（二）"婺派建筑"是独立的文化流派

我们认为："婺派建筑"是一个独立的文化艺术流派。金华各县市包括周边婺文化区内百姓五百年来乐此不疲、苦苦坚守的家园，是一块永不衰亡的文化阵地。

故此我们觉得很有必要认认真真地解读她，全面深入地研究她，百般关爱来保护她，并满腔热忱地把她介绍给更广大的读者，一起分享我们民族文化的精华。

二、"十三间头"基本单元

婺派建筑中，有个特别让人津津乐道的三合院，由13间房子构成。

即：上方正屋3间，左右厢房各3间，角隅区"洞头屋"各2间，外加一个大院落，民间俗称"十三间头"。

它是婺派建筑中最经典、最常见的代表作。

2000年笔者在同济大学出版社出版的《东阳明清往宅》一书中，特命名之为"基本单元"——即完整的、单家独院式的、标准化的、可以复制的居住建筑户型。

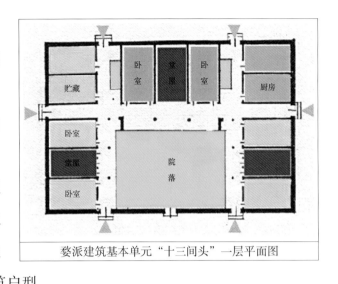

婺派建筑基本单元"十三间头"一层平面图

三、宅院内部功能介绍

走进婺派建筑的"十三间头"三合院，可以极为清晰地看到：

上房与左右厢房明间的一层均为堂屋，其上房明间一层供祭祀、会客之用，其厢房明间一层系起居室、小客堂；上房与左右厢房6个次间的一层作祖孙三代人卧室；四间"洞头屋"一层安排厨房、厕所、猪舍及堆放农具。

二层较为低矮，主要用于粮食、被褥贮藏，当然也有隔热作用，农忙时节可为雇工打铺位。

四、"十三间头"形成溯流

笔者在戏剧出版社出版的《"十三间头"拆零研究》一书中，其第四章专门对婺派建筑基本单元"十三间头"作了"不同时限分析"。章节末作小结如下，可以从中获知其形成的时限特征。

（一）明代的发展状况

明早期东阳尚未出现真正的"十三间头"三合院住宅建筑。

明中期，李宅三幢住宅为十三间房屋组成的三合院，但由于上房三间"一明两次"全无楼层，洞头屋与上房无防火墙分隔，为一个防火区，属"一上、两翼、三单元"结构，因此按"评价标准"检验，该例可以佐证东阳十三间房子组成的三合院已经出现，但还不是标准化的结构形式。

明晚期，孔氏"廿四间头"前半为敞口厅式"十三间头"三合院，后半为上房"一明两次"的"十三间头"三合院，符合"评价标准"前三个条件，而且十分值得注意的是以"十三间头"为基本单元组合出"廿四间头"平面形式，以及"╋"形走廊的出现，这是很有创造性的成果。只是前后两个三合院的三间上房两端均无防火山墙，每进仅为一个防火区，因此只能佐证"十三间头"三合院住宅作为建筑基本单元已经成型，但还没有达到最终的科学化、标准化的程度。

可以说明朝是"十三间头"三合院摸索、尝试、成型期。早期难找实例佐证，中期开始了实践和尝试，院上方与两侧布置"Ｈ"形走廊，晚期进入了"十三间头"加"┯┯"形走廊基本形成阶段。

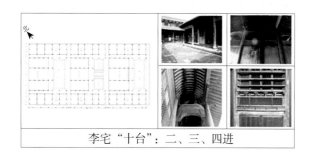

李宅"十台"：二、三、四进

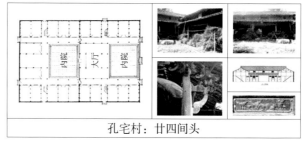

孔宅村：廿四间头

（二）清代的发展状况

清代早期，第六进世雍堂门楼已是"十三间头"模样。第七进世雍堂，已见敞口式"十三间头"三合院正式形成，不过大堂后檐和洞头屋北向是穿斗式木构架辅以木板槛墙，不是防火的砖墙，这说明防火分区设计尚未从严落实。第八进世雍中堂，也是敞口式"十三间头"三合院，可以佐证"十三间头"三合院平面形式已经有意识地被当作住宅建筑基本单元在重复应用。到了第九进，上房三间有楼，其一层明间堂屋、次间卧室与前廊构成一个"子细胞体"小单元，西厢房由一个明间、两个次间与前廊构成一个"子细胞体"小单元，洞头屋两间由两侧走廊隔开上房自成一个"子细胞体"小单元，东侧本应与西侧对称，但由于东北地基碰到溪流，所以出现了纵向走廊取消后半段而洞头屋紧贴上房的特殊处理。然而，极为难能可贵的是让人从中看到院落之中出现了科学合理的"一上、两厢、两辅、五小单元"的空间结构形态和三个防火分区的设计成果。

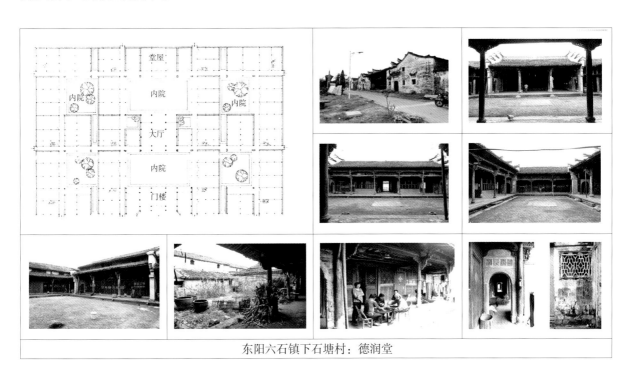

东阳六石镇下石塘村：德润堂

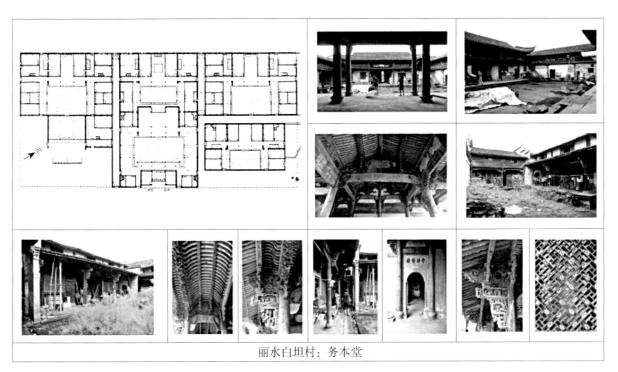

丽水白坦村：务本堂

可以说东阳最讨人喜欢的、科学合理的、可以单家独院存在的居住建筑基本单元——"十三间头"三合院，在此已经进入成熟、定型时期。

清中期社会安定，经济繁荣，城乡建设形势较好，东阳出现与上两例一样的巨宅较多。从中可以发觉极其重要的两个特征：（1）"十三间头"三合院形制日趋完善，成熟；（2）"十三间头"已成为大型建筑群中的基本单元，并在应用中大变小变灵活自如、得心应手。例如六石德润堂、南马尚厚堂等，中轴线两侧取其三合院的上房和一侧厢房、洞头屋三个小单元体作为"重阁"（也叫"重厢"），左右对称排列，形成纵、横双向的扩容发展格局，使整个建筑群因之出现院套院、屋重屋、廊接廊的万千气象。

清晚期，东阳十三间头三合院已成为超稳定结构的居住建筑基本单元。当然变化不可能没有，小的变化多在走廊形式"╫"形、"H"形、"╥"形的不同选择，或在上房多了左右耳房而成为十五间头，或少了两间厢房而成为十一间头，前者如夏程里慎修堂，后者有李宅社区李一小区蓬山巷三合院。不过间数多少古有先例，如清早期李宅集庆堂西有十五间头，清乾隆麻车头有十一间头三合院。大的变化，表现在建筑群布局的变化上，例如李品苏、李品芳、李品葵三兄弟建的宅第呈"品"字形，而六石德润堂和南马尚厚堂，则将"十三间头"进行切割组装成双向发展的大建筑群。

可以说清朝是"十三间头"的定型、套用、繁荣期。早期的"十三间头"三合院逐渐完善、定型；中期被士大夫家族和富裕人家大量套用，推而广之，然后进行多样化的升华；晚期进入了空间大事装修和院落扩容、嫁接等千变万化的建筑巅峰。

（三）民国时期的发展状况

民国前期，有史家庄吕氏花厅为例可以证明"十三间头"基本单元仍被民间高度赏识，甚至做出了东阳融木雕、石雕、堆塑、壁画、砖雕工艺于一体极为完善、极为精美、极为科学合理的宅院。同时期也出现了三合院、四合院的"洋房"，如吴品珩的金泽巷住宅和蔡汝霖的蔡宅故居，有小花园，大胆地融进了西洋文化。

民国后期，社会极为动荡，经济十分萧条，但华店"十三间头"的三合院单元形式和木雕装饰还是讨人喜欢。不同的只是梁架和门窗雕刻显得简约，并出现了平平常常的荸荠、莲藕、葡萄、鱼虾、蚱蜢、蝴蝶等民间题材的画面，说明寓教于乐的装饰目的逐趋淡出，生活化、自然化、通俗趣味化遂成风尚。

此时期建的蔡忠笏故居，木雕装饰几乎全部放弃，但人们对于"十三间头"三合院结构模式仍然有着不变的信赖和坚守。尽管楼层有了罗马柱式栏杆等西方建筑符号和玻璃等现代建筑材料，但这只是说明东阳人敢于把新观念、新文化、新材料引进自己的宅院。

可以说民国时期是东阳"十三间头"三合院的摇摆、选择、淘汰期。前期在矛盾中左右摇摆、选择，出现一些改良，中西方文化交融；后期因时局动荡，在较大幅度的改良中，出现了放弃、淘汰的趋势。

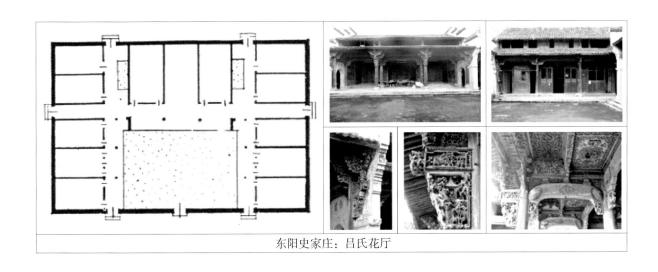

东阳史家庄：吕氏花厅

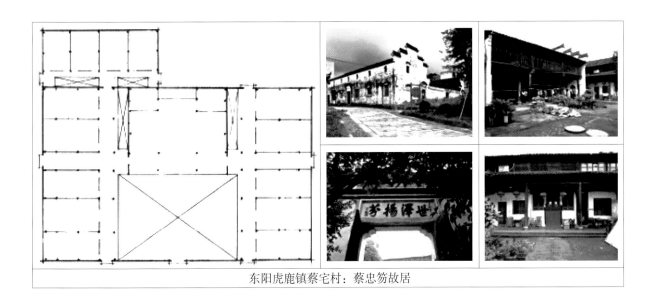

东阳虎鹿镇蔡宅村：蔡忠笏故居

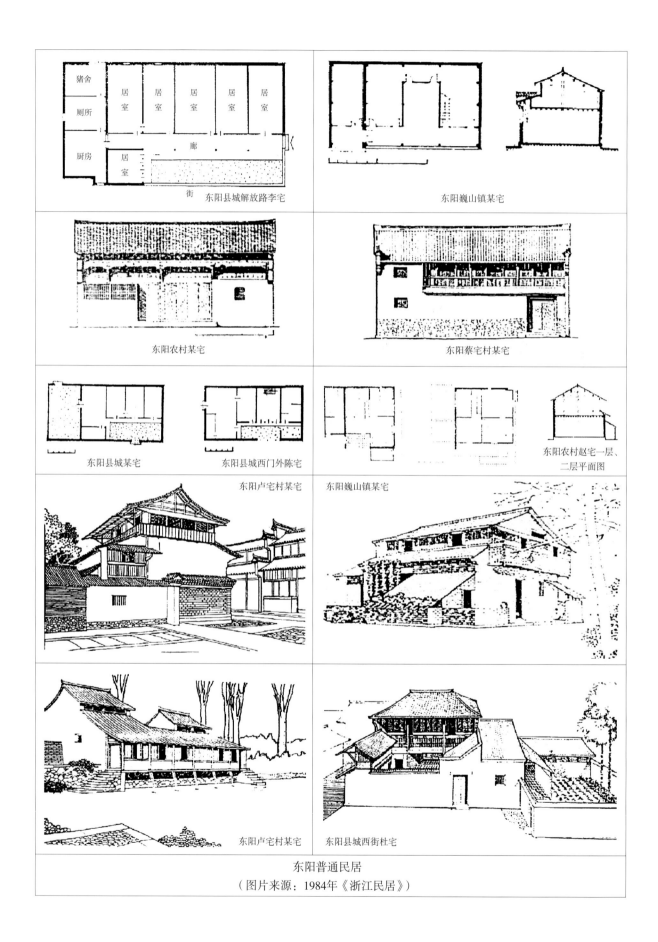

东阳普通民居

（图片来源：1984年《浙江民居》）

五、两个问题特别说明

（一）我们的宅院民居不同于普通民居

在此需要特别说明："十三间头"三合院作为婺派建筑的"基本单元"，与左右不对称、无马头墙、无大院落、无敞口厅、无精装修、无堂号匾额、三五间等不成单元模式的本地普通民居，是两个体系的成果——有点像陶瓷器的"官窑""民窑"之别。"别"在体系不同，"别"在文化属性不同，"别"在细节上的很大不同。

（二）婺派建筑是世界级文化艺术遗产

重复一句，我们在此介绍的婺派建筑，指金华各县市（特别是东阳、义乌、浦江、永康、磐安、武义），包括市域外围婺文化区内，保存下来的明清时期大宅院居住建筑，是古代城市农村唱主角的建筑，是古代社会的主流文化，是一直以来引起各级政府高度重视与人民群众喜爱的历史文化遗产。

第三章　五大特征

作为一个独立的文化艺术流派与建筑体系，其肯定有着与众不同的特征。

婺派建筑有五大特征——马头墙、敞口厅、大院落、大户型与精装修。这在中华民族建筑之林，可谓独树一帜。

婺派建筑五大特征，有的独一无二，像清水白木雕的梁架、门窗装饰；像三间气势恢宏的敞口厅在住宅中应用，等等。有的其他建筑派别也有，但细看深究就可看出婺派建筑的非凡之处，如马头墙做法，婺派建筑显得十分精致；如大院落做法，婺派建筑在功能安排上显得非常具有科学性；如精装修，婺派建筑工种繁多，但多却不让人觉得俗，不让人觉得有堆砌感，这是极其不易的事情。

下面将五大特征分述之。

一、五花马头墙，似飞如跃

（一）马头墙的由来

婺派建筑的"十三间头"三合院，有前、中、后六道高出屋顶的防火墙体，每道做成两次跌落的阶梯式对称轮廓，金华各县市叫"五花马头墙"，简称"马头墙"；在《中国土木建筑百科辞典》中称"女儿墙"；在《营造法原》中称"五花屏风墙"。

那么为什么叫"五花马头墙"呢？

可惜查无记载。估计"五"字与"三山五岳""九五之尊""五行八卦""五谷丰登""五子登科"以及"五光十色""五合六聚"等含吉祥性寓意有关。

婺派建筑的五花马头墙

（二）马头墙的特征

婺派建筑的马头墙，高低错落的黑色轮廓线与完整、光洁的白色大块面在构图上形成线与面的对比效果；其轮廓线呈现宛若游龙的动感，与白色块面显现静若处子的干净泰然，又有一文一武、一张一弛的形式之美。

婺派建筑的五花马头墙左右对称，在上面以三层平砖叠涩出三条线脚，盖双坡小青瓦，施甘蔗脊，端部用微微翘起的"喜鹊尾巴"或"草龙首"等形式收头，线脚下硬抛方部位画墨线锁壳、卷草等图案，极其精致、灵动、美观。酷似仰天长啸的白色骏马，似飞如跃，壮志凌云，给人生气勃勃之感。

其中上房黛色瓦屋顶很像乌纱帽，两侧的马头墙以线状呈现，宛若插在乌纱帽两边的宫花，极为光彩夺目。很可能隐喻着儒家传人读书做官的奋斗目标与价值取向，虽然未曾听到过这样的传说。

（三）与屏风墙比较

婺派建筑马头墙与徽派建筑屏风墙（也称马头墙）都是白灰粉刷的，都是盖小青瓦的，粗看很相似。然而认真看肯定可以发现徽派建筑屏风墙，不

| 婺派建筑马头墙 | 徽派建筑屏风墙 |

对称、不起翘、无墨画，像屏风一样拉长，舒展，有源远流长之感。而且高高的有点像仓廪的样子，也有点像平头百姓。两者比较，其风格、气质及文化内涵是全然不同的。

二、三间敞口厅，气势恢弘

（一）厅堂三种形式

婺派建筑"十三间头"的上房，都有厅堂，而且敞口——即门面不做任何材料的墙体围护。常见如下几种形式：

一是仅用上房明间底层做敞口堂屋，建筑面积30平方米左右。例如东阳卢宅肃雍堂第九进。

一是将上房三间底层做成敞口厅，俗称"楼下厅"。建筑面积100平方米左右，例如东阳怀鲁史家庄花厅。

一是将上房三间两层合一层做成敞口大厅——常见于"十三间头"扩成两进式宅院"廿四间头"，前一进上房三间肯定是敞口大厅，建筑面积100多平方米，空间容积600多立方米，宽敞、恢弘、明亮。例如东阳横店的瑞芝堂、瑞霭堂等。

（二）厅堂使用功能

三间敞口大厅与三间敞口楼下厅者，其使用功能是作为自家大型祭祀、红白喜事以及议事、迎宾接客的公共场所。

| 东阳卢宅肃雍堂敞口厅 | 义乌倍磊敬修堂楼下敞口厅 |

作为一间的敞口堂屋者，其使用功能则为祖先牌位置放与像轴悬挂的地方，是家里年节小型祭祀必备场所，当然也是平时老人喝茶休闲和训教子孙之处。

（三）与小堂屋比较

婺派建筑三间敞口楼下厅或三间敞口大厅做法，在徽派民居、北京四合院民居以及其他地方民居中则不多见。

徽派民居中必备的堂屋，多设在三间上房的明间前半间，或明间带两弄的前部分。小的明间前半间只有10多平方米，明间带两弄的前半部分多则仅

徽州建筑小堂屋与东阳建筑敞口厅对比

30平方米左右，总的感觉是较为局促、矮小，设置祖先牌位与迎宾接客等功能合在一起。但徽州有楼上厅做法，规模也较大，楼板上铺地砖，以为防火。

三、一个大院落，应天接地

（一）大院落的规模

婺派建筑"十三间头"里的大院落，就空间形态而言，由三间上房与两侧各三间厢房及前方一片门墙构成，方正、闭合；就建筑面积而言，上房明间加两次间面阔在12米以上，厢房明间加两次间面阔一般不小于10米，因此院落面积便在120平方米以上，开阔、敞亮，很有气势。

丽水市缙云县城北乡白岩村某宅大院落

（二）大院落的功用

婺派建筑"十三间头"的大院落，俗称"门堂""明堂"，又称之"天气"，是整个宅院上接天气、下接地气的"气口"。

从建筑学角度分析，"十三间头"大院落是人们冬天取暖、夏天乘凉的无顶

婺派建筑大院落　　徽派建筑小天井

盖公共活动空间，是晾晒衣物和少量谷物的"露台"，同时也是消防作业区——失火时在此处可以放置消防器具"水龙"，供数十人参加救援，面积宽敞，可往多个方向喷水，因此大院落既实用，又很合理、科学。

（三）与小天井比较

徽派民居里闭合式的，有围护、无顶盖的空间不叫院落，而称之为"天井"。有"四水归堂聚财气"之说。

天井面积小的只有10多平方米，8米左右宽，2米左右深，例如河北邯郸潜口村方观田、罗小明、苏雪痕住宅；面积大的也仅仅20平方米左右，10米左右宽，4米左右深，例如曾任桐庐知县的胡永基住宅。与婺派建筑比较，大院落与天井，一大一小很悬殊。

四、千方大户型，南北罕见

（一）罕见的大户型

婺派建筑基本单元"十三间头"是不多见的住宅建筑一体性大户型。13间房间加一个大院落，二层，楼上楼下26间，户型非常大。

"十三间头"宅院建筑一般总面阔29米左右，总进深20米以上，占地面积约600平方米。其中院落面积130平方米左右，一层建筑面积便达470平方米左右，

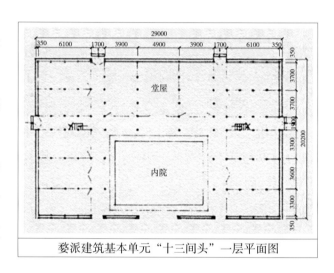

婺派建筑基本单元"十三间头"一层平面图

两层合计总建筑面积将近1000平方米。因此民间就称之"大户人家"、巨宅。这规模相当于现在城市六七个大户型商品住宅面积之和。

（二）何谓"一体性"

"一体性"三个字，指的是"十三间"两层1000平方米房子是完全连成一体建的，与上房、厢房、倒座各自独立的北京单进四合院不同。北京单进四合院占地比婺派建筑"十三间头"可能要大，但都为一层房子，因此一个四合院内的总建筑面积，就没有婺派建筑"十三间头"三合院多。

（三）与小户型比较

与徽派民居相比较，前面作例子的河北邯郸潜口村方观田、罗小明、苏雪痕住宅，仅三开间，占地110平方米左右，两层总建筑面积200多平方米；稍大户型三间两弄，

例如桐庐知县胡永基住宅，占地仅170平方米，两层总建筑面积350平方米左右。与婺派建筑"十三间头"比较，户型较小。

| 婺派建筑大单元 | 徽派建筑小单元 |

五、百工精装修，技艺高超

婺派建筑的木雕装饰

婺派建筑"十三间头"第五大特征，是室内外装饰集木雕、砖雕、石雕、壁画、彩绘、堆塑、瓦雕、磨砖、墁地、铜艺、铁艺、锡艺、竹编、小木以及匾对、彩灯等几十个工种的精湛技艺于一体，其中尤以木雕与彩灯为登峰造极之作。

（一）清水木雕

作为婺派建筑主要角色的东阳，是闻名海内外的中国四大木雕（东阳木雕、广东潮州木雕、福建龙眼木雕、浙江黄杨木雕）排在首位的"东阳木雕"原产地、大本营。且东阳素有"百工之乡"的美誉和"泥木工仓库"的称谓。婺派建筑的装修，特别是木雕，请工匠是特别方便的。

东阳木雕应用于婺派建筑的梁架、门窗等部位，以白胚不上油彩成活，所以又称"东阳白木雕"。

安徽黟县宏村树人堂	安徽黟县宏村某宅	安徽绩溪龙川胡氏宗祠
东阳安恬达德堂		东阳某宅
徽州、婺州两地民居木雕装饰比较		

东阳木雕清晰明了地展现出木头的天然色彩、纹理与质感，真实不二地显现着匠师们一刀一凿精雕细刻的功夫与技巧，与上朱漆、贴金箔的广东潮州木雕不同，与雕花又上彩漆的徽派建筑梁架、门窗木雕不同，区别极为明显。虽然选用的木材，画面上山水亭阁、花鸟鱼虫、人物瑞兽之类题材以及使用的锛头、凿子和圆口刀、三棱刀、平口刀之类雕刻工具是一样的，但据传徽州早期建筑木雕是请东阳工匠做的。

（二）泥胚砖雕

说到砖雕，细致一点便可发现，婺派建筑是泥胚雕——即在泥胚阶段先雕刻，然后进窑焙烧成活；徽派建筑包括苏州园林建筑的砖雕，在烧制后俗称"青金石"的熟砖胚上拓印图样雕刻。

婺派建筑的泥胚雕，表面圆润、光洁有包浆；徽派建筑的熟胚雕，表面素雅、细腻无光泽。这就是两地砖雕的区别。

婺派建筑的砖雕装饰

（三）其他装饰工艺

建筑彩绘最精彩的应该出在北京宫殿建筑，说浙江最精彩的石雕多出于石雕之乡青田匠人手中估计也会被认可，说瓦雕、墁地、铁艺在南方好多地方不难见到也是事实，然而建筑中同时还有壁画、堆塑与磨砖等装饰工艺的，除了东阳、义乌、浦江、武义、磐安、永康等地的婺派建筑，恐怕不为多见。

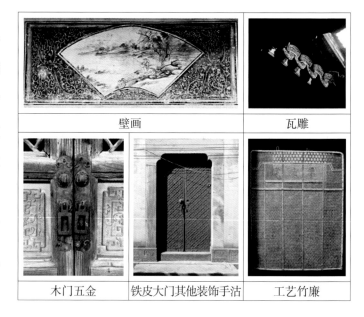

壁画　　　　瓦雕

木门五金　铁皮大门其他装饰手沾　工艺竹廉

还有可移动的、在生活中体现着文化品质的铜艺、锡艺、竹编、匾对、彩灯等等不可或缺的配套之物，除了东阳、义乌、浦江、武义、永康等地的婺派建筑，特别是按空间确定比例尺度的精美彩灯，恐怕很难找到可匹敌者。

（四）综合评价

可以这样说，将木雕、砖雕、石雕、壁画、彩绘、堆塑、瓦雕、磨砖、墁地、铜艺、铁艺、锡艺、竹编、小木以及匾对、彩灯等几十个不同工种的匠师，请来为同一个大宅院做精装修，估计除了皇宫、相府及为数不多的豪门巨宅，只能在东阳、义乌、浦江、武义、永康等地的婺派建筑中，才有真实的存在。

而且，十二万分不易的是几十个工种的装饰，其设计与制作，恰如其分地被控制、被统一、被协调在同一种文化体系的比例、尺度、风格、品质与格调当中。

于是我们的感叹由衷而发：

如果业主没有相当的人格操守，绝对做不出如此高水平的宅院建筑。

如果业主没有相当的文化素养，绝对做不出如此高水平的内外装饰。

第四章　六大智慧

此章我们一起分享婺派建筑的众多智慧。

不过说明在先，有的智慧省内外各地传统建筑也有，但如果深入进去看细部、辨风格、观精致程度，说不定会另有所获。

然而更多的是常人看不出，或者说一直以来未曾发现的智慧。诸如消防、通风、排水方面的聪明才智，诸如风水堪舆方面的奥妙，诸如阴阳八卦方面的秘密，等等。

一、风水选址方面的智慧

（一）选址为先，蹊径独辟

首先我认为，阴阳风水中的一些说法不是迷信，而是我国古代城乡规划与建筑设计的理论依据。而且在外国，也有很多地方、很多人在研究，在应用。

作为婺派建筑第一大智慧，与江南其他地方传统民居有相同之处，具体表现在村庄风水选址上。即多寻找依山面水，并有左青龙、右白虎、前朱雀、后玄武之地。大多认为坐北朝南才是好风水。

与众不同的是从多个实例可见金华并不拘泥于坐北朝南。金华先民认为好风水什么方向都行。有很多实例，如东阳卢宅

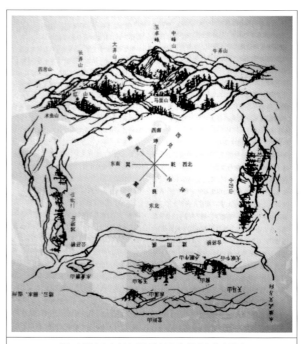

缙云县新建镇河阳村风水格局分析图
（图片来源：洪铁城，2002年绘制）

肃雍堂朝南偏西30多度；例如缙云县河阳村坐西南朝东北，讲究的只是"四灵"俱全。金华人认为藏风聚气就是好地方。

（二）轴线对位，功在千秋

跟我国各地重要传统建筑一样，婺派建筑讲究宅院建筑中轴线布局法则，讲究定位时中轴线要有一个好的朝对。

朝对是阴阳风水的需要。例如卢宅肃雍堂，不偏不倚遥对数公里外的笔架山。

阴阳家认为：朝对笔架山，五行属水，水生木，为吉；朝对一个山尖，五行属金，有金有银，为吉；也有朝对一平顶山，五行属土，土生金，为吉，等等。一般视建房大东家的年纪生肖而定。

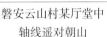

东阳卢宅肃雍堂中轴线遥对笔架山

浦江中余乡冷坞村清渭堂中轴线遥对朝山

磐安云山村某厅堂中轴线遥对朝山

堪培拉议会大厦亦讲求中轴线遥对都市山

（三）八卦齐全，太极圆满

婺派建筑的宅院特别讲究平面方方正正，不缺棱、掉角。

为什么？因为古人认为"物物皆太极"。

即：一个宅院就是一个小太极，就是一个小宇宙。小太极、小宇宙必定要完整、圆满。

方方正正，八卦就能齐全，就能完整、圆满。

八卦齐全，有"四灵"护佑，阴阳两仪均衡；两仪均衡，一元——太极，必定完整、圆满。而太极圆满，不缺任何一卦，则大吉、大利。

当然这方面智慧，各地传统的三合院、四合院以及三合头、四合头、天井式等宅院都具有，不同的是细节性的表现问题。

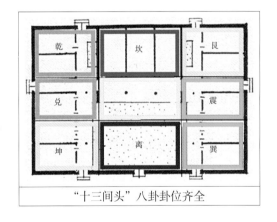

"十三间头"八卦卦位齐全

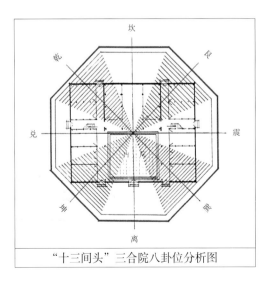

"十三间头"三合院八卦位分析图

（四）门不骑卦，艺高胆大

婺派建筑"十三间头"宅院讲究总门、主

门、房门等门位不骑卦——即不被两卦交接线穿过。这一点设计难度很大，做到了极不容易。

婺派建筑认为，门位骑卦是不吉利的。特别是总门、主门、房门，绝对不能骑卦。

婺派建筑大出人才与这有无必然关系？答案自在不言中。

二、资源利用方面的智慧

（一）天然水资源利用

表现在根据地形高差，开渠凿堰引水，一劳永逸地以应村民生活生产之需。

这方面千百年的实例不少。金华市婺城区上堰头村、下伊村等，还有白沙溪古时建了36道堰坝，目的都为便于引水进村。这些实例既可佐证前人用水的智慧，亦可佐证前人治水方面的实践。

金华婺城区汤溪镇上堰头村宋代叶坦堰

（二）回收屋顶雨水

将屋顶雨水通过檐沟汇入落水管，然后通过落水管引到窨沟，再然后通过窨沟贮于走廊之下的水缸，以作消防备用水源。

最完美的实例是金华市金东区傅村镇惟善堂，在走廊之下埋了18口水缸——俗称太平缸，平时可以取出洗刷或者浇花，失火时是消防贮备水源，就近取用，十分方便。同时这也表现出先民对水资源倍加珍惜。

三、建筑设计方面的智慧

（一）空间序列设计

以东阳卢宅肃雍堂为例，将320多米中轴线的空间，首先按功能分成主出入口区、曲尺形甬道过渡区、第一进大门第二进仪门候备区、第三进肃雍堂大厅至第四进同乐堂迎宾接客区、过砖雕照壁第五进乐寿堂至第九进世雍后堂居住区。前四进对外开放，第五进至第九进内眷居住。通过线性、块状，开敞、闭合，明亮、幽暗等不同空间处理手法进行有机组合，使之变化丰富，从而巧妙地获得空间序列的艺术效果。

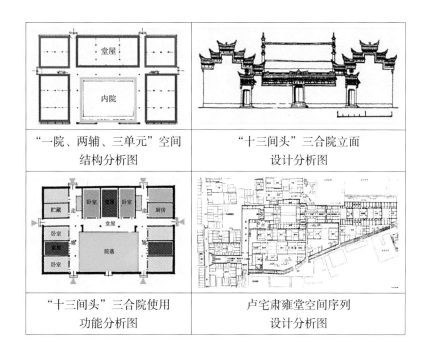

"一院、两辅、三单元"空间结构分析图	"十三间头"三合院立面设计分析图
"十三间头"三合院使用功能分析图	卢宅肃雍堂空间序列设计分析图

（二）单元结构设计

"十三间头"三合院，系"一院、两辅、三单元"结构。它理性地出现在四五百年之前，可谓之超前的设计手法。欠缺的只是没用文字明确告诉后人。

（三）宅院建筑设计

"十三间头"外形设计高低错落处理生动活泼，虚实变化安排章法得宜，进退尺度把握正逢好处，质感对比权衡发力适度，黑白两色配比恰如其分，线性块面设计妙不可言，比例尺度制定内涵深邃，其手法运用可谓成熟之极。

（四）使用功能设计

婺派建筑在使用功能设计上，讲究齐全实用，讲究动静皆宜，讲究祖孙三代住得下，分得开，合得拢。真可以说是面面俱到，或谓添一分便多、减一分则少之效果。

四、专业配套方面的智慧

（一）消防设计

"十三间头"三合院消防设计，一是有合理的防火分区，即便失火也不会祸及整个宅院，于是就将"十三间头"设计成三个防火分区，甚至五个防火分区。二是有通畅的"廾"形、"开"形、"H"形三种走廊形式作为安全通道，配有六七个出入口，间距都在25米以内，疏散极为便捷，安全。三是面积达120多平方米的院落，就是消防作业区。可以说几方面的配置极具合理性、科学性与先进性。

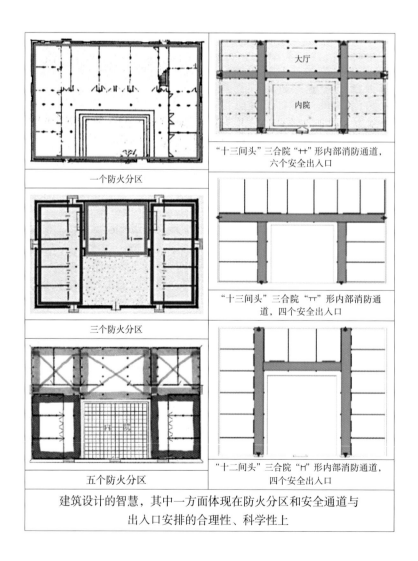

一个防火分区

三个防火分区

五个防火分区

"十三间头"三合院"廾"形内部消防通道，
六个安全出入口

"十三间头"三合院"开"形内部消防通道，四个安全出入口

"十二间头"三合院"H"形内部消防通道，
四个安全出入口

建筑设计的智慧，其中一方面体现在防火分区和安全通道与
出入口安排的合理性、科学性上

（二）通风设计

因为走廊通畅，出入口多，加之有大院落接地通天，所以自然通风效果很好。民谣传"要好野老公，要凉弄堂风"，说的就是"十三间头"夏天很凉快。

（三）日照设计

因为大院落有10多米宽，10多米深，冬天的日照从早上7点左右可以一直照到下午5点左右，其中一正两厢九个房间直接照到，所以特别明亮、暖和。

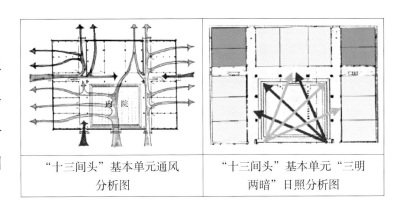

"十三间头"基本单元通风分析图	"十三间头"基本单元"三明两暗"日照分析图

（四）关于排水设计

"十三间头"三合院的排水包括排涝设计也很周全。院内有三边石质明沟，然后由阴沟与院落外的水系相衔接，排放很直接且方便。东阳卢宅肃雍堂在1989年7月23日遭遇特大洪灾，进水1.72米深，雨停后不到半小时就全部排干。

（五）土地利用规划

婺派建筑"十三间头"属于低层高密度建筑体系，土地利用率极高，建筑密度达60%~70%，容积率达1.2之多。这不但适于农耕时代对于用地建房的特别谨慎，即便在当代城市居住区规划中，也是一种极佳模式，因为有许多先进性、合理性存在。

五、材料应用方面的智慧

（一）防水材料

金华东阳卢宅肃雍堂大厅有一条三开间的天沟，在石槽上用锡板做防水材料，五百多年来不曾漏水。这应该是十分罕见之例，是先人在建筑材料选用上十分具有智慧的一个实例。

（二）墙体材料

古时金华各县市平原地区建造大宅院，多采用烧制青砖为墙体材料。但这并不稀奇。稀奇之处可称之智慧的，是可供磨制的青砖烧制质量和青砖的磨制技术，其平整度、通角度、均匀度、严丝合缝的拼接完成，达到鬼斧神工的程度。

而各县市的山区，则用生土夯筑墙体，例如丽水市松阳县杨家堂村等；也有用鹅卵石、片石、火山石为墙体材料的，例如金华市东阳东山头村用黄褐色片石为墙体材料，磐安县横路村用黑色玄武岩为墙体材料。

（三）生态材料

金华各地砌筑溪流堤岸、坎头、石阶、栈道乃至小街小巷路面，大多采用天然的鹅卵石、溪滩石，因此显得十分自然、朴实，非常原生态。其智慧也表现在就地取材上面，表现在因地制宜上面。

六、聚落形成方面的智慧

（一）从"基本单元"扩为二进院

用"十三间头"三合院作为"基本单元"，可以在纵向往后扩为二进院——即两个"十三间头"组合，民间俗称"廿四间头"，其中前一个上房三间合为一个大厅。

（二）从"基本单元"扩为建筑群

将"十三间头"三合院作为"基本单元"，可以在纵向往后扩为三进院、五进院、七进院甚至九进院（例如金华东阳卢宅肃雍堂加上世雍堂），成为大建筑群。

而且还可以纵横两个方向扩为大建筑群。例如东阳六石下石塘村的润德堂，横向70米总面阔，总进深50米，整个建筑群占地3500平方米。

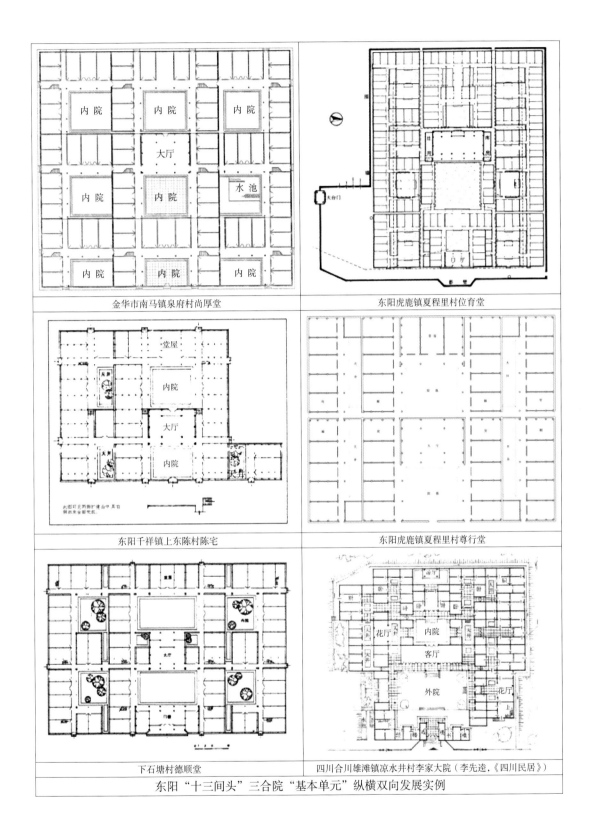

金华市南马镇泉府村尚厚堂

东阳虎鹿镇夏程里村位育堂

东阳千祥镇上东陈村陈宅

东阳虎鹿镇夏程里村尊行堂

下石塘村德顺堂

四川合川雄滩镇凉水井村李家大院（李先逵，《四川民居》）

东阳"十三间头"三合院"基本单元"纵横双向发展实例

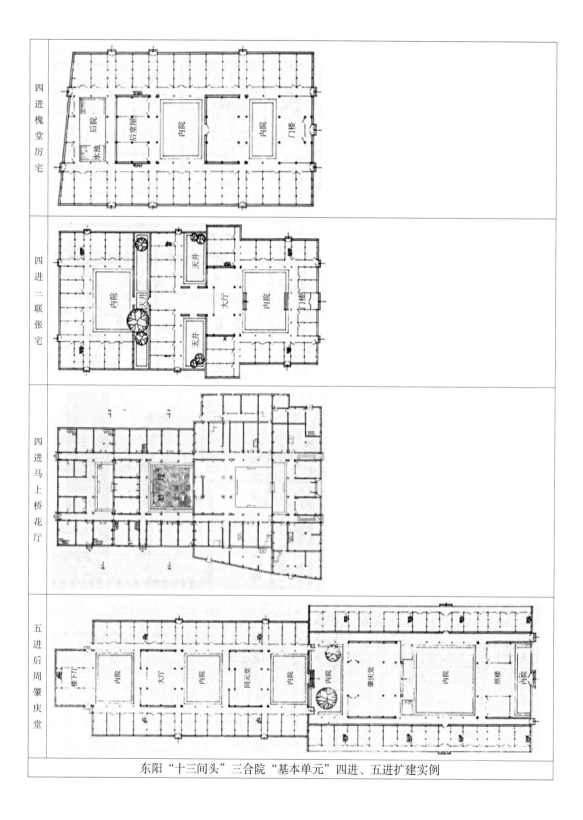

| 四进槐堂厉宅 | 四进二联张宅 | 四进马上桥花厅 | 五进后周肇庆堂 |

东阳"十三间头"三合院"基本单元"四进、五进扩建实例

（三）从大建筑群到聚落形成

当有几个大建筑群出现时，聚落就形成了，村庄就出现了。

所以笔者称婺派建筑的"基本单元"三合院，是形成村庄的"复合细胞体"。

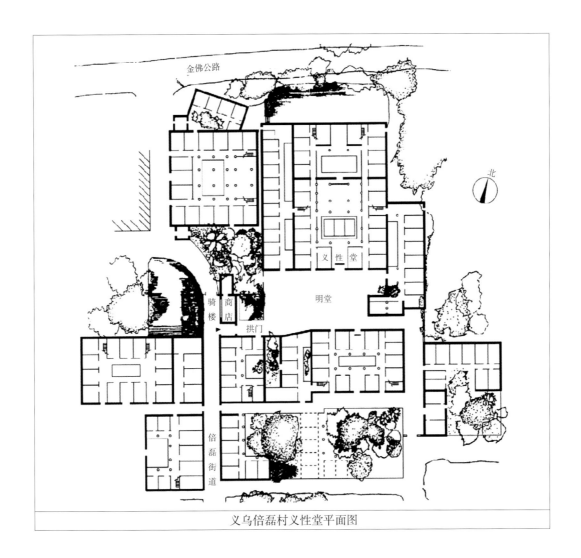

义乌倍磊村义性堂平面图

第五章 六大价值

一、历史价值，宝贵依据

现存于东阳、义乌、浦江、永康、磐安等地的婺派建筑，是研究明清时期浙中地区传统建筑演变、断代工程、家族与人口以及建筑形制、建筑法式、建筑技术、建筑材料、建筑工艺等等发展历史的宝贵依据。

二、文化价值，丰硕成果

婺派建筑是研究明清时期浙中地区传统建筑文化，包括居住文化、家族文化、姓氏文化、聚落文化、家族文化及教育文化等方面的实证材料。

三、科学价值，彪炳史册

婺派建筑存有研究明清时期浙中地区传统建筑的建筑物理、建筑力学、建筑结构、建筑构造、建筑材料以及建筑定位、空间分区、户型结构、功能设置、采光通风、取暖避寒、消防安全、村落防灾等等方面的科学资料，可以称为档案库。

四、艺术价值，超凡绝伦

婺派建筑是研究明清时期浙中地区传统建筑造型艺术、空间艺术、建筑风貌特色，以及木雕、砖雕、石雕、壁画、灰塑、竹编、锡艺、油漆、彩绘、磨砖、瓦作、五金、彩灯、器皿、家具、陈设等几十种室内外装饰设计艺术与制作技术的实物标本。

五、社会价值，功效无限

婺派建筑是研究明清时期浙中地区聚落形成、村庄结构、土地开发利用强度，以及人口姓氏、家庭结构、居住模式等多方面的原真范例，是研究族规、家风以及和谐家庭建设、社区建设的原真范例。

六、经济价值，重在发掘

婺派建筑，诸如东阳卢宅肃雍堂天沟上的锡板防水材料，通过转化、整合、再生，可以成为一种最好最新的防水材料，从而有望获得巨大的经济效益。

此外，利用这些传统资源开发古村落旅游，已有许多地方取得很好的经济效益。

婺派建筑六大价值：历史价值、文化价值、科学价值、
艺术价值、社会价值、经济价值

第六章　精彩非遗

一、非遗项目繁多

创造"婺派建筑"的儒家传人，在婺派建筑里生，在婺派建筑里长，并在婺派建筑里创造了别具儒家特色的众多非物质文化遗产项目，涵盖了《中华人民共和国非物质文化遗产法》界定的全部种类。

（一）民间文学类作品

儒家传人创作的民间文学，总体格调高雅，实例极多。如厅堂里的匾额、楹联，如家谱内的序跋、堂记、像赞，如诗词创作以及民间故事、神话传说等等。

（二）传统表演类艺术

表演类艺术，特别值得一提的是流行于金华各县市及周边建德、松阳、遂昌、龙游、江山、衢州等地融乱弹、昆曲、徽戏、时调、高腔与滩簧六大声腔精华于一体的婺剧，是国家级的一大剧种，是有文有武，刚柔兼美，雅俗共赏的一大剧种。

（三）传统技艺和医术

婺派建筑中有大量的装饰技艺，如木雕、砖雕、石雕、壁画等等，还有如大堂灯、料丝灯、琉璃灯、木雕真漆龙凤灯和真漆竹艺沓篮、挈盒，清水竹艺饭篮、清水竹艺门帘等等的制作技艺。

儒家传人中还有不少精通中医医术者，还有中草药、单方药等等。

（四）传统礼仪和节庆

儒家传人聚居的村落，传统礼仪和节庆项目较多，如磐安县榉溪村的祭孔大典，汤溪城隍庙的祭城隍大典等等；还有婚庆与丧事，还有各种祭祖、祭神用的锡艺烛台、酒壶乃至锡艺仪仗（实例在下伊村），各种祭祖、祭神用的糕点、摆设等等。

（五）传统体育和游艺

其中儒家传人创造的游艺节目，实例特别多，如玉山龙虎大旗、巍山大龙身、郭宅大蜡烛、依山下大纸马、吴候盾牌，还有东阳、浦江各地的秋车、抬阁、滚狮子、板桥灯、人物灯，永康十八蝴蝶、九狮图等等，名闻遐迩。

二、非遗特色超凡

（一）以体量巨大著称

婺派建筑的非物质文化项目，有的以体量巨大著称，如玉山龙虎大旗，旗面600多平方米，竖起来时需100多个壮汉合力而为；如郭宅大蜡烛，高5米多，一次灌满蜡烛油可点一年；如依山下大纸马，虽为纸篾制作，但有三层楼高；如巍山大龙身，高达五层楼，进里面点蜡烛得用梯子。

"婺派建筑"四大非物质文化遗产节目（东阳、磐安），凸显着儒家大氏族文化气势

（二）以规模宏伟著称

婺派建筑的非物质文化项目，有的以规模宏伟壮观著称，如龙灯，如许宅花灯，少则数十桥，多的有数百桥，长达数千米，无论变换何种队形，都极为壮观。

（三）以器型华丽著称

有的以器型华丽富贵著称，诸如秋车，外形是装着轱辘的飞檐翘角的楼阁，金碧辉煌，里面有个可转动的大轱辘，坐着四个花枝招展的童男童女，极为华丽富贵。

（四）以工艺精巧著称

有的以工艺精巧别致著称，如卢宅肃雍堂的大堂灯，琉璃的、串珠的大小灯体，雕龙雕凤的灯架，总高5米多，直径3.5米多，既巨大，又精巧，让人拍手叫绝。

三、文化内涵表达

（一）不是一般意义上的下里巴人之作

归根结底，每个非物质文化项目都显现着家族的不凡身世与文化品质，丰富了族人的文化生活，表现了儒家传人的文化品位。

应该说这绝不是一般般的下里巴人之作，而是儒家传人在"婺派建筑"这个高级别的生存空间环境里面，衍生出来的阳春白雪型文化产品。如果不是大家族的大文化思路，不是大家族的大文化背景，不是大家族的经济实力和大家族的行动号召力，不可能创造出如此大气势、大体量、数量较多、精致华丽超凡的非物质文化遗产。

（二）这是广义婺派建筑的重要组成部分

这些非物质文化遗产，是广义上的婺派建筑不可或缺的组成部分，是形成婺文化乃至中国传统文化整体性的重要组成部分。

这些非物质文化遗产，诸如木雕、砖雕、石雕、壁画等等，是婺派建筑本体不可分割的重要组成部分；诸如竹编、锡艺、漆艺等等，是婺派建筑内部可移动的重要组成部分；诸如龙灯、秋车、龙虎大旗、大蜡烛、大纸马、大龙身等等，是婺派建筑外部作为生存环境配套的、可移动的重要组成部分。

（三）是儒家传人创造的文化成果

可以这样说，如果没有或者缺少这些再生出来的非物质文化遗产，婺派建筑就会失去很多生动感、色彩感、文化感与生命感，就会变为一个文化的躯壳。

好像一个人和另一个人能够说话、唱歌、劳动一样，婺派建筑与居者所创造的非遗成果，亦是同性同体相互生发关联的，是共生共荣共存亡的。

这些文化成果，不是天上掉下来的，也不是他人的，而是婺文化地区的先民别出心裁创造出来的特色文化成果，是婺文化地区一代代人爱之入骨、敬之如宝的文化成果。

当然，人们的活动无一不在创造着文化成果。但是应该承认不同人群创造了不同的文化成果，形成了不同文化成果的品质，表现了不同的智慧。

东阳许宅人物花灯	祭祀仪式
西风开台	民间舞蹈

婺剧团应邀到农村演出

非物质文化遗产节目

第七章　各有千秋

中国地域广大，作为古代居住的宅院建筑，很多地方都有。但由于民族不同，各地条件差异，呈现方式千姿百态，各具特色。

此章节选取浙江省外民居和省内民居以与婺派建筑作对比研究，目的是为了探清不同建筑派别各有什么特征，存在哪些异同之处。比较后才能进一步认知婺派建筑的价值与意义所在。

因为徽州民居已在前文作比较，此处不再重复。

一、省外传统民居案例

（一）北京四合院民居

1. 简介

北京四合院较为有名，规模大小有别。现以北京普通四合院为例，将其倒座部分拆开，里面就是三合院。从垂花门进入院落，上房三间，一层，有外廊；两侧厢房各三间，一层，无廊；上房两端耳房各两间，一层，为了突出上房的主角地位，檐口与屋脊均比上房略低，前置小天井，名为"跨院"。

2. 与婺派建筑的比较

平面。北京四合院的倒座、上房、厢房不相连，没有连廊，总平面呈离卦形，建筑密度不高，虽然是大院子，但与婺派建筑"十三间头"呈阴阳二爻平面，全然不同。

外形。北京四合院为清水墙，一层，卷棚顶，

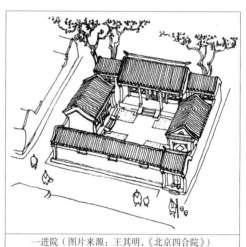

一进院（图片来源：王其明，《北京四合院》）

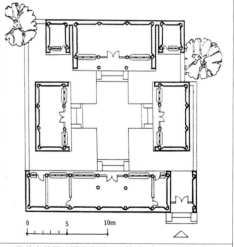

乃兹府某号（图片来源：王其明，《北京四合院》）

四合院民居实景

北京四合院民居

硬山不高出屋面，与婺派建筑"十三间头"硬山马头墙高出瓦顶，属两种做法。

出入口。北京四合院不设侧门与后门，而婺派建筑"十三间头"旁门多，应急使用极为便捷。

装修。北京四合院内部具有彩画、木雕，住着皇亲国戚，显现得是京城住宅文化特色；婺派建筑粉墙黛瓦，清水木装修，住着读书人后裔，发散着一派儒家文化气质。

（二）云南三合院民居

1. 简介

云南白族的三合院，当地称"三坊一照壁"民居。上房三间，两层，重檐，有外廊；两侧厢房各三间，两层，重檐，有外廊；上房两端称"漏角"位各有两间附房，一层，前设小天井。用前方大照壁围合成院落，在左前方设出入口大门，有华丽的木雕门罩。上房外廊与两侧厢房外廊以斜角衔接。

2. 与婺派建筑的比较

粗看平面图与婺派建筑"十三间头"很相似，但细加比较有以下不同之处：

平面。婺派建筑"十三间头"走廊端头均设防火用的"水门"，出入口多，白族三合院只有一个设于左前方的出入口，消防需要时会显得欠方便。

外形。白族"三坊一照壁"三合院为悬山顶，婺派建筑"十三间头"是硬山五花马头墙。

色彩。白族"三坊一照壁"三合院木雕门窗刷了彩色油漆，与婺派建筑木雕门窗白坯为不同风格。

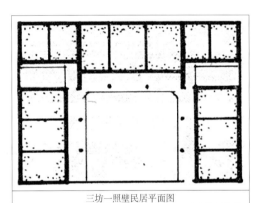
三坊一照壁民居平面图

三坊一照壁典型民居鸟瞰图
（图片来源：云南省建筑设计院，《云南民居》）

三合院民居实景
云南三合院民居

文化特点。白族三合院住的是白族人，处处显示着白族文化的光彩；婺派建筑住的是汉族人，处处显示着汉文化的特点。

（三）江西小天井民居

1. 简介

江西最常见的传统天井式民居，基本上不存在纯粹的三合院结构形式，与婺派建筑"十三间头"三合院可比性差。

黄浩在《江西天井式民居》中将天井式民居作为"基本单元"推出，他说这是"一明两暗"三开间的平面格局，有一点点像四合院。前一进，明间是大门和下堂，两次间叫下正房；后一进，明间称上堂，左右次间谓上正房。前后两进之间是一个面积不大的小天井，小天井两端有进深很浅的小厢房。紧贴上堂背是后堂，紧贴上正房背是后房，然后在后堂之后有一个更为狭小的天井。两层。有前门和两个侧门。所有屋顶均坡向两个小天井，雨水集之小天井后再排出住家，谓"四水归堂"。

2. 与婺派建筑的比较

平面。天井式民居平面对称，很规矩，但实多虚少，显得有些闷，而且3个出入口处于前半部分，后半部分略显出入不便。

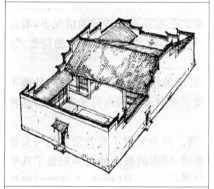

江西小天井民居平面图与鸟瞰图
（图片来源：黄浩等，《江西天井式民居》）

外形。这是江西最常见的传统民居，体量较大，白色马头墙与屏风墙结合，看起来既有婺派建筑的样子，也有徽派建筑的特征。

基本单元。但作为"基本单元"，首先觉得采光通风欠佳，不像婺派建筑"十三间头"大多数房间可以直接采光；二是整个建筑单元偏深，两边扩建方便，但往后扩建取得衔接不易。

（四）四川三合头民居

1. 简介

李先逵教授在《四川民居》一书中归纳四川民居是多民族地区民居，有10余个平面形式，还有很多巨宅。

就三合院而言，其又称"三合头""撮箕口"，为一正两厢形制。三合院有的正房五间，左右各带"抹角房"一间，厢房间数根据地形情况多寡不等，例如达县福善乡柏家院子，东厢房四间住分家的子女，西侧五间与正房同时做成"吊脚楼"，上层卧室，下层为猪牛圈（因为风水师认为西南为"鬼方"，应以凶压邪）。李先逵谓之"不对称的形态"。这是山区地形原因造成的。但也有完全对称的例子，如永川区大安乡某宅，正房三间，左右抹角房各一间，两侧厢房各三间，前院墙中辟大门。一层。

2. 比较

平面。右图中第6种平面形式与婺派建筑"十三间头"三合院几乎一模一样。但内部无正式连廊，只有一个大门，出入较为不便。

外形。四川三合院山墙处理多样化，正房3~5间不等，因此显得较为活泼。

层数。四川三合院一层、二层混合。山区有的民居利用地形错落做成两层，其底层设猪牛圈。

装修。四川三合院木装修较少。与婺派建筑比较，两者区别明显，为不同文化体系的产物。

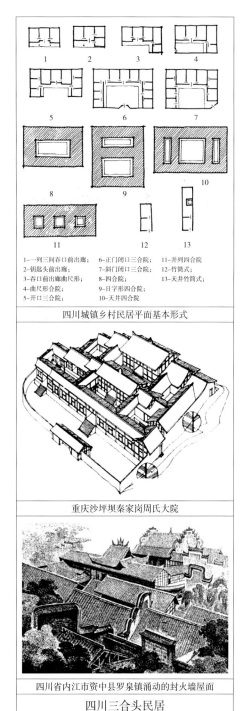

1—一列三间吞口前出廊；
2—钥匙头前出廊；
3—吞口前出廊曲尺形；
4—曲尺形合院；
5—开口三合院；
6—正门闭口三合院；
7—斜门闭口三合院；
8—四合院；
9—日字形四合院；
10—天井四合院；
11—并列四合院；
12—竹筒式；
13—天井竹筒式

四川城镇乡村民居平面基本形式

重庆沙坪坝秦家岗周氏大院

四川省内江市资中县罗泉镇涌动的封火墙屋面

四川三合头民居
（图片来源：李先逵，《四川民居》）

（五）河南院落式民居

1. 简介

《河南民居》一书著者左满常、白宪臣认为，河南院落民居大致可以归纳为四种基本形式：四合院、三合院、窑房院和大别山区的前后排房院。其中四合院与三合院分布最广泛。

三合院呈中轴线左右对称布局，一般由三间正房和两侧各三间厢房围合而成，前设一间小门楼，正房两层，厢房一层，无外廊。

此外可见河南焦作博爱县寨卜昌村民居，院落很狭窄，两厢房面对面靠得很近，平面布局十分紧凑。当然也有五间正房和五间厢房甚至多条轴线形成的巨宅。青砖外墙勾缝不粉刷。门楼和正房明间作木雕砖雕装修，显示财富与地位。

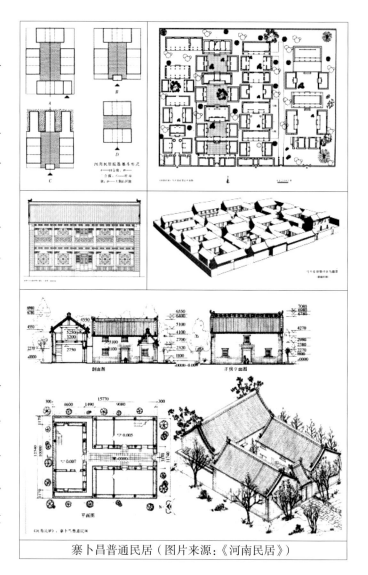

寨卜昌普通民居（图片来源：《河南民居》）

2. 比较

平面。河南普通三合院正房、厢房各自独立不相连，九间房子，无走廊，与北京四合院做法相似。

院落。三合院安排纵向长方形小天井，与婺派建筑方方正正大院落风格不同。

外形。普通三合院建筑采用清水砖外墙，两层、一层甚至三层混合。

油漆。河南高档的三合院有木雕装饰，施彩色油漆，与婺派建筑的清水白木雕装饰风格全然不同。

（六）苏州市井式民居

1. 简介

苏州是有2200多年历史的古城。民居特色一是属城市民居，二是多与河道有紧密关系，三是与园林有难以分割的缘分。

较为典型的苏州市井民居，以金狮巷沿河某宅为例：沿街巷明间为门厅，配左右耳房；紧靠门厅是对应的小天井，左右是厢房；小天井之后正房由客厅和左右厢房共三间组成，沿河。均为两层。仅一前门供出入。室内梁架和门窗有木雕装饰，出入口上方有极为精致的砖雕门罩和披檐。

2. 比较

平面。苏州"一堂一厢""一堂两厢"和四合院民居内部无专门的走廊，其两厢只为一间房子。与婺派建筑三间厢房、有系统内廊的做法完全不同。

院落。苏州民居院落也大，就空间规模而言与婺派建筑有相同之处。但婺派建筑院落无花木与山石，苏州民居院落有花木与山石。表面上看是"有"与"无"的一字之别，实质上的区别在于苏州很多民居系文人墨客的住宅，讲究诗情画意；婺派建筑是官宦住宅，认为莳花植树有玩物丧志之虑，不利于子孙培养。

环境。苏州为水乡，几乎家家临水而居，许多民居有"近水楼台先得月"的优势。

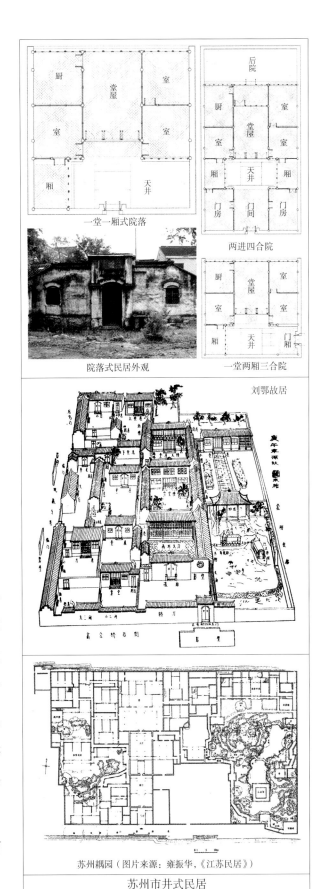

一堂一厢式院落

两进四合院

院落式民居外观

刘鄂故居

一堂两厢三合院

苏州耦园（图片来源：雍振华，《江苏民居》）

苏州市井式民居

（七）福建天井式民居

1. 简介

戴志坚先生在《福建民居》一书中，根据语言条件、外界条件、自然条件不同，将福建民居定位为"闽海系"与"客家系"。

其中"闽海系"又分为闽南区、莆仙区、闽东区、闽北区和闽中区。

于是相应地出现了两大系、五个区的六种民居基本单元平面形式，即"一明两暗"型、"四合中庭"型、"三合天井"型、"方圆土楼"型、"土堡围屋"型和"竹筒"型。

其中"方圆土楼"型名气较大。但由于与婺派建筑"十三间头"三合院的形态不存在可比性，所以此处不详细展开介绍。

笔者认为福建的"三合天井"型民居与婺派建筑"十三间头"三合院极为相似，故引以为例。

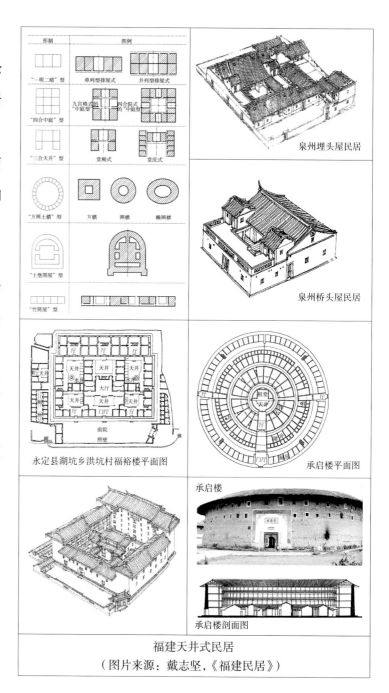

福建天井式民居
（图片来源：戴志坚，《福建民居》）

2. 比较

平面。"三合天井"型民居也由十三间房子——上房三间、左右厢房各三间、洞头屋各两间，然后加一个院子而形成，采用了近似于 H 形的廊道。但与婺派建筑"十三间头"三合院有明显的区别，即福建"三合天井"型民居没有正式的走廊，仅仅利用挑檐下狭窄空间作为通道。

外墙。福建"三合天井"型民居采用五行归属的马背山墙，多为单层房子。

公用空间。福建多个"三合天井"基本单元组合时，坚持小堂屋为公用空间。

色彩。福建"三合天井"型民居内外装饰喜用多种色彩。

（八）广东院落式民居

1. 简介

陆元鼎、魏彦钧教授在《广东民居》一书中，把广东民居分为粤中（粤西）民居、潮汕沿海地区民居和客家（粤北）民居，以及少数民族民居、书斋住宅和庭院住宅、侨乡民居等。在《广东民居》一书的"前言"中也写道："广东对外通商与交往早，外来建筑文化和先进技术传入也早，反映出民居中较早地带有与外来建筑文化交流、融合的特点。"

具体表现在五个方面："一、平面紧凑，类型丰富，组合灵活；二、外封闭、内开敞、密集，方形的平面和空间布局形式；三、庭院天井布置灵活，室内外空间紧凑结合；四、良好的朝向和厅堂、天井、廊道相结合的通风系统；五、规整、朴素的外观与具有地方特色的装饰装修。"

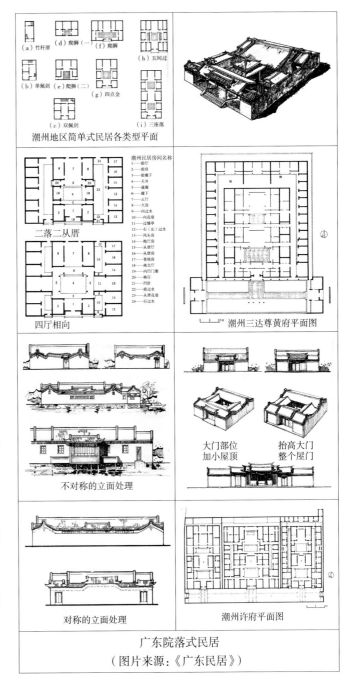

广东院落式民居
（图片来源：《广东民居》）

2. 比较

可以这样说，潮汕沿海地区民居、客家民居、少数民族民居、书斋住宅和庭院住宅、侨乡民居等，与婺派建筑"十三间头"三合院相去甚远。

然而著者归纳的五个特色，几乎每一点都适用于婺派建筑。只是认真起来，两者区别还是很明显的。

平面。著者好像没有为广东大户型民居确定一个"基本单元"，也好像是由几种"基本单元"组合而成，内部院落有大有小，或前或后，或长或短，或左或右，布置较为灵活。对比起来婺派建筑反显得有些单一，虽然具有标准化优势。

外墙。广东民居多为一层，前立面有对称和不对称的处理，外墙常用青砖清水成活，不做勒脚，但会在门面墙、山墙顶部做彩画、浮雕装饰。与婺派建筑马头左右对称，讲究粉墙黛瓦，做法不同。

屋顶。广东民居，（1）房屋正脊泥塑彩绘，做得很漂亮；（2）正脊局部抬升，造型变化丰富多彩。婺派建筑"十三间头"三合院正脊用压栋砖成活，或用竖瓦密排做屋脊，相比之下显得太过简单。

装修。大的方面，潮州木雕是广东民居的特色，东阳木雕是婺派建筑的特色。

两者都是全国闻名的大木雕。从木构架、木门窗的装修看，两者相似之处不少，诸如雕刻的题材、手法、技巧和工具等等。但区别也很明显：潮州木雕上彩漆、贴金箔，显得富丽堂皇；东阳木雕反之，不上油漆，清水成活，突显木头的质感与一刀一凿的雕刻功夫。其实这是居者文化背景与喜好所决定的。

（九）台湾三合院民居

1. 简介

在《台湾民居》一书中，著者李乾朗、阎亚宁、徐裕健指出，台湾常见住宅平面格局分"一条龙式""单伸手式""三合院式""四合院式"和"多护龙式"等几种。

他们认为，由于明末清初大量闽、粤人移居台湾，所以台湾为大陆文化之延长，台湾民居与福建、广东民居有不少相似之处。当然，因为各处地理气候不同，各地移民文化有别，故此台湾民居建筑差异化还是明显存在的。

2. 比较

书上的经典大宅院，诸如台北板桥林本源三落大厝、林安泰古厝、芦洲李宅，桃园大溪李举人宅，台中社江林宅大夫第、神冈筱云山庄吕宅和潭子摘星山庄，彰化马兴陈益源宅以及屏东佳冬萧宅等等，其一层层扩展的手法，均源于福建客家的围屋格局。

平面。以台湾民居中的三合院与婺派建筑比较，看起来有大院落，一层层向心式的布局，对称性较明显，但很难找到基本单元在复制。这与婺派建筑以"十三间头"三合院为基本单元进行复制的手法不一样。

台湾经典民居分布图（图片来源:《台湾民居》）

台北林安泰古厝

台北民居鸟瞰

台中杜口林宅——大夫第

桃园大溪李举人宅

彭化马兴陈益源宅

台北芦州李宅

台湾三合院民居

其他。与婺派建筑对比还有单层、两层之别以及外形之别，特别是山墙造型与建筑主体色彩，两者全然不同。

此外，木屋架的结构构造形式、木门窗的形式以及室内外装修等等，两者存在的不同之处也很多很多。

这并不稀奇。地域不同、民族不同、文化不同、信仰不同，肯定会出现种类繁多的宅院建筑形式。

二、浙江省内传统民居比较

（一）全省传统民居概况

丁俊清、杨新平先生在《浙江民居》一书中认为，浙江民居是汉族传统民居建筑的重要流派，多利用山坡河畔而建，既适应复杂的自然地形，节约耕地，又创造了良好的居住环境。根据气候特点和生产、生活的需要，浙江民居普遍采用合院、敞厅、天井、通廊等形式，使内外空间既有联系又有分隔，构成开敞通透的布局。

《浙江民居》一书归纳了浙江民居的三大特点，即：崇尚自然，讲究风水；强化血缘，聚族而居；顺应礼制，注重人伦。

同时，浙江民居有与其地区汉族传统民居的共同特点，都是聚族而居，坐北朝南，注重内采光；以木梁承重，以砖、石、土砌护墙；以堂屋为中心，以雕梁画栋和装饰屋顶、檐口见长。

并且指出，其中金华市婺城区金衢地区的明清住宅多采用三合院形式，以满足"长幼有序"、"男女有别"的空间位序要求。

浙江民居以上特点由于时代

浙江省内传统民居主要形式

不同和城乡、地域区别，表现形态不完全相同，但无论是临河而筑的水乡民居，还是隐含理性秩序的院落式住宅及依地势布局的山地村镇，其中的内在取向是一致的。

在此应补充的是早在1981年，中国建筑历史研究所刘祥祯、王其明、尚廓、傅熹年、孙大章、张驭寰等人组成的专题小组，对浙江省的杭州、吴兴、绍兴、东阳、鄞县、永嘉、天台、黄岩等地民居作较为全面调查，后来在1984年出版的《浙江民居》一书中，确认东阳的"十三间头"，黄岩、温岭一带的"五凤楼"，余姚、宁波的"宋式房子"，天台的"十八楼"等是当地常见的住宅类型。他们在实例篇中，提出了东阳史家庄花厅之类"十三间头"三合院，是可以纵向、横向拼接成大型住宅的"基本单元"。这是非常了不起的、重大的发现。

（二）浙江传统民居比较

浙江省内各地民居，由于地域、地形以及地方文化不同，虽然同为一个省份，也仍然呈现着不同的风格特色和内部结构。但从中可以发现婺派建筑"十三间头"三合院的一些相似遗存，说明省内各类民居相互间的关系与影响。

1. 宁波

庄桥镇第六村的葛宅，上房三间，厢房加洞头屋各五间，二层，与婺派建筑"十三间头"三合院结构极为相似。不同之处在于它是四合院，前有倒座，而且还有后天井、后厢房，不是纯粹的三合院。

2. 鄞州

庄市镇大树下村有一宅院，中轴线左右对称，上房也是三间，两侧各有两间厢房和两间洞头屋，二层，有院落。与婺派建筑"十三间头"变体"十一间头"三合院相似，但不同的是它有后天井，有后厢房。

3. 临海

税务巷一处民居，上房三间，厢房加洞头屋各五间，二层，四合院，厢房进深很浅，与婺派建筑"十三间头"三合院类型不同。

4. 绍兴

绍兴小皋乡胡宅村，上房三间加耳房，左右厢房，对称布局，二层，大院左右带

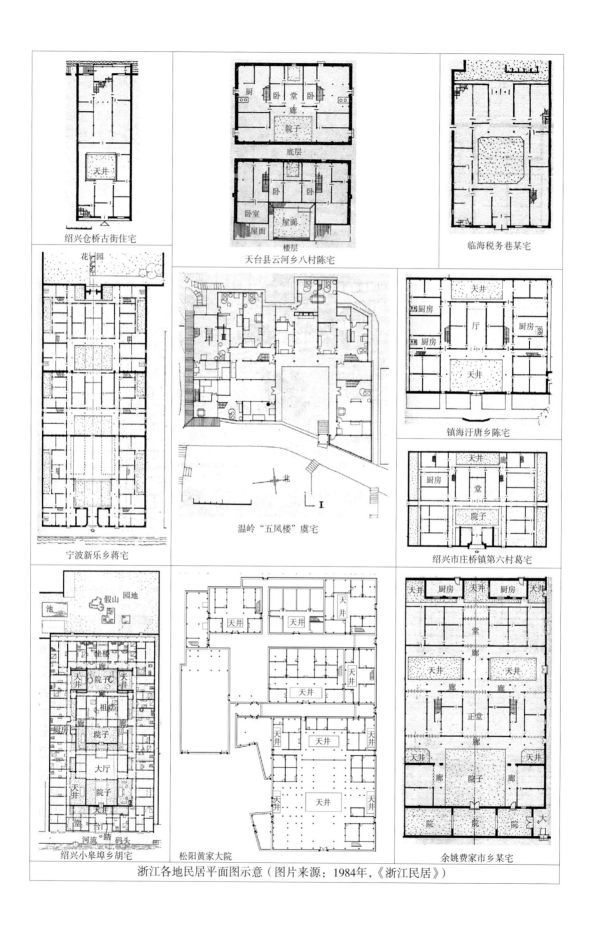

绍兴仓桥古街住宅

天台县云河乡八村陈宅

临海税务巷某宅

宁波新乐乡蒋宅

温岭"五凤楼"虞宅

镇海汗唐乡陈宅

绍兴市庄桥镇第六村葛宅

绍兴小皋埠乡胡宅

松阳黄家大院

余姚费家市乡某宅

浙江各地民居平面图示意（图片来源：1984年，《浙江民居》）

小天井，占地规模较大，也与婺派建筑"十三间头"三合院类型不同。

5. 天台

天台云河乡八村陈宅的"十三间头"三合院，二层，与婺派建筑"十三间头"三合院极为相似，稍有不同处是它有堂后小天井。笔者认为天台紧挨东阳，借鉴"十三间头"建筑模式可能性很大。

6. 其他

除上述民居之外，黄岩、温岭民居以及松阳黄家大院，与婺派建筑"十三间头"三合院有很多相同之处，也有很多不同之处，可参看图示。恕不在此赘述。

三、关于金华本地传统民居

本地现存传统民居，笔者在《东阳明清住宅》中分为两大类：一是宅院住宅；一是普通民居。

（一）关于宅院住宅

以"十三间头"为"基本单元"的三合院、四合院住宅，笔者也称之为"官宦住宅"——因为宅院住宅多出于名门望族和富裕人家；亦曾称之为"木雕住宅"——因为宅院住宅都有精美的木雕装饰，是有别于本地普通民居和外地民居的一大特色——最本质性的一个区别。

（二）关于普通民居

从东阳、义乌等地调查中发现，普通民居比比皆是，有别于"官宦住宅"，是普通百姓的住房。

普通民居以"间"为"基本单元"，规模小的三间一幢，祖孙三代人挤在一起，大的或五间、七间一幢，或一头加个厢房，俗称"一头钩"，这要视地基条件与经济条件许可。

普通民居常见是一层或两层，双坡悬山顶，穿斗式木屋架，用生土、鹅卵石、块石砌筑外墙，室内为泥地，基本上没有木雕装饰。这类民居很普通，很平常，很简陋，没有太多讲究，有的仅仅能遮风避雨而已。

总的来说，婺派建筑的"五大特征"——五花马头墙、三间敞口厅、一个大院落、千方大户型、百工精装修，普通民居是不具备的。

普通民居的特征是：左右不对称、无马头墙、无大院落、无精致装修、无匾额楹联、多为三五间的小户型，很少见到模式化，种类繁多，普普通通。有的密匝匝挤在一起，横七竖八很杂很乱；有的孤零零地建在小山岙里，前有溪流一弯，后有茂林修竹依伴，尽管与官宦住宅不同体系，却是别有一番诗情画意。

四、本章结语

（一）婺派建筑是我们的传家宝

经过比较更清楚地看到，具有"五大特征"的婺派建筑，是金华地区可与他人媲美的传家宝。

金华地区的传统建筑，姓"婺"，不姓"徽"。

我们有自己的"姓氏"，有自己的祖先，有自己的文化源流与体系。

显而易见，婺派建筑不但与全国各地传统民居存在明显区别，而且与省内各地传统民居也存在明显区别。同是炎黄子孙，但因民族的不同、地域的不同、文化背景不同、喜好不同以及经济条件等等原因依然形成许多差异。

正因为有许多不同，才有百花齐放的好景致。

（二）儒家传人创造的鸿篇巨制

婺派建筑是金华各县市及周边婺文化区儒家传人们创造的、带有独特文化印记的生存空间，是东阳为首的金华各县市及周边婺文化区能工巧匠们建造的，是一个独立的建筑体系。

婺派建筑以"五大特征"——五花马头墙、三间敞口厅、一个大院落、千方大户型、百工精装修，屹立于中国古代住宅建筑之林。

东阳东山头村　　磐安横路村

浦江嵩溪村　　义乌倍磊村

浦江岭脚村　　婺城区雅二村　　金东区东叶村

武义俞源村　　义乌陇头朱村　　永康易川村

金华各县市普通民居实例

第八章 谁人设计

一直以来，各地精彩的传统建筑由谁人设计，因相关的文献资料上没有记载，很难弄明白。本章将笔者寻找婺派建筑设计者的成果与大家一起分享。

一、谁是婺派建筑的设计师

有个问题大家肯定十分关心：谁是如此高雅、如此完美、如此周密、如此科学的婺派建筑的设计师？

千百年历史了，茫茫大海，怎么找？史料上有没有记载？

泥工、木工、石工、瓦工、铁匠、雕花匠、篾匠、漆匠、锡匠、铜匠等十多个工种，谁有能力充任设计师？

根据传统，金华这边建房子，木匠师傅为大，一切尺寸由领头的木匠师傅操纵，所以业内外称领头的木工师傅为"把作师傅"。

工地现场有行话"套照"与"付照"。意思就是各工种向"把作师傅"要尺寸实施，从而形成尺寸总体把握与不同工种的协同工作。

然而"把作师傅"给尺寸，他是不是设计师呢？

因为整个工程用地多少，建多大规模，分几个宅院，计划投多少钱，造到什么档次、什么规格、什么样式、何等精细等等问题，不是把作师傅说了算。

把作师傅只是被雇佣者，因此只能作某方面设计的参与者，不大会是总设计师。

那么谁说了算，谁是总设计师呢？

二、业主是婺派建筑设计师

（一）《三峰府君行状》如是说

东阳卢宅肃雍堂中轴线前后九进，是我国现存规模最大的明清住宅建筑群。笔者在

《经典卢宅》一书中引用了《三峰府君行状》相关文字：

"先君……以旧居湫隘，而享祀乐宾有所禾备，别筑室于岘溪之西，去故居不百步而近。前后左右，凡二千楹。区画经制悉出己衷，而气象规模独出人表者。"

这可以说明，东阳卢宅肃雍堂的总设计师应该是"先君"，不是其他人。

那么先君者谁？卢溶。撰文者何人？卢溶第二个儿子，时任江西监察御史。

儿子在《行状》中写得很明白了，设计师是"区画经制悉出己衷"的先君卢溶。

卢溶何许人？为什么如此能干？

卢溶（公元1412—1480年），东阳人，字孟涵，号三峰，祖籍涿州，三边总制卢睿的弟弟，读书人。虽然没有做官，但"性颇好增置产业……凡以产来售者，如其所欲，与之不较其直也，以故售者日众，田业日广。"赚了钱，乐善好施，不但帮穷苦人家，就连距家四十多里之遥的义乌东江大桥，几次倒坍都是他独资修建的。

《经典卢宅》封面

东阳卢宅中轴线肃雍堂与院落的空间设计效果

（二）《义乌古建筑》一书载

早在1967年前后，笔者得知南京工学院（现东南大学）建筑系师生在义乌黄山八面厅实习测绘，发现了该大宅院的设计者是业主的儿子。据说，很多木雕画面都是业主之子亲自设计的。笔者为之欣喜，终于知道大宅院的设计者。

黄山八面厅是东阳木雕最精彩的代表作之一，2001年被国务院公布为第五批全国重点文物保护单位。

但至今时隔太久已找不到资料，幸运的是义乌市城建档案馆编的《义乌古建筑》（2010年，上海交通大学出版社出版）书中有载：

《义乌古建筑》封面

"黄山八面厅原名振声堂，位于上溪镇黄山五村，距义乌市中心约25公里。前临凰溪，后靠纱帽尖山的谷地，地势高峻，海拔高度200米。"

"乾隆五十八年（公元1793年）左右，义乌西乡著名的火腿商陈子寀（公元1730—1793年，字伯寅，娶妻楼氏）命其孙陈正道筹划建黄山八面厅，历时三年，于清嘉庆元年（公元1796年）破土动工，清嘉庆十八年（公元1813年）落成挂匾，中间整整经过了18年，足见此屋的主人为这组建筑的建造费尽了心机，在中国民间建筑史上是很少见的。"

此例说明业主孙子陈正道是总设计师。

（三）《卢宅营造技艺》观点

在韦锡龙主编的《卢宅营造技艺》（浙江古籍出版社出版，2014年）一书第57页，吴新雷撰写的"第二节　营造流程"有这样一段文字：

《卢宅营造技艺》封面

"选好地基，先由主人与二木匠师根据财力协商建筑的规模、布局、形式，再由匠师起屋样，主要是侧样图（横剖面图）和地盘图（平面图）。一般多由主人决定建筑的平面形式，如开间、进深、楼梯、灶间位置等，匠师决定木构架的具体形式，如柱数、桁数、步架、水顺等。"

如是，真正的设计师是宅院建筑的"主人"，即业主。

　　因此，匠师不是建筑设计师，匠师只能称施工人员。但"把作师傅"可以称结构设计师，因为他确定房屋的具体尺寸和用材的大小长短；起屋样的匠师是制图员，是他按业主的意图出侧样图（横剖面图）和地盘图（平面图），供施工用。

　　吴新雷还在文中写道：东阳传统木作，分大木作、二木作、小木作。大木作是上山伐木取料、破料、锯板者，二木作是梁、柱、枋、桁等木构架的制作者，小木作通常是门窗、隔断、楼板、天花及家具的制作安装者。此外还有细木，指的是雕花匠。

　　因为二木作确定房屋的开间、进深、高低等全部尺寸，所以二木作的地位是最高的，责任也是最大的。对开间、进深、高低等尺寸起决定性作用的照板、照蔑和丈杆尺量工具，全出自二木作之手。小木作及其他工种都在二木作控制、管理之下工作。规定极为严厉。所以"二木作"即"把作师傅"，有点像现在的总工程师。

　　吴新雷是东阳市卢宅文物保护管理所副所长，大学毕业，参加工作就在卢宅肃雍堂，20多年了，对肃雍堂营造技艺研究颇为精深。

（四）"督造"就是总设计师

　　2016年笔者应邀为金华兰溪市发掘柏社乡水阁村的中厅（景福堂），因中厅的"庑殿顶、楼阁式、二层大厅、屋盖结构及平民化雕饰"等革命性成就而为之拍手称奇。那么奇迹出自何人之手呢？

　　打开《重建蒋氏宗祠中厅志》可见："……咸丰辛酉粤匪扰浙浦兰一带，祖继沦陷而我祠也付于一炬……同治丁卯……磋商上下二房神耆重建门楼、寝室、东西两厅两廊、厢庑，亦云劳矣。斯时也，大局告成，规模粗具。然中厅仍付缺如，满目荒芜，增人悼叹。……迟至丁巳秋，余与倬章、倬霖合族商酌建造中厅，各族斯文祠长均踊跃焉。于是鸠工庀材择吉兴工，公举倬霖为总理，倬章为督造司账务者；余与玺也，司工匠者；贤国、本德也，司木材

金华兰溪市柏社乡水阁村蒋氏宗祠中厅（景福堂）

者；……然，斯时设无倬章、倬霖兄弟二人维持调护其间，不至半途中辍，必致功败垂成，厅之落成无时日矣！"

推之得知：任"督造"的倬章、倬霖，责任是"督"住工匠们的"造"；造多宽、多深、多高，造什么样子，包括雕些什么东西等等，都得由"督造"出思路，拿主意，定方案。所以笔者断定：蒋倬章、蒋倬霖作为"督造"就是中厅重建工程总设计师兼技术总监。换言之：中厅的五大革命性特征，多出于蒋倬章、蒋倬霖之手。

那么蒋倬章何许人也？为什么敢于斗胆"督造"出具有革命性意义的景福堂？

回答：蒋倬章是一位民国奇人！

金华市兰溪柏社乡党委编的《辛亥革命志士——蒋六山》一书有载：蒋倬章，字鹿珊（谐音六山或乐山），族名理芝，1848年生于水阁村一户书香门第。13岁中秀才，有"神童"之誉。而且十几岁就率队剿匪，见无赖横行，他主动协助官府捕捉，真是比"神童"更神童。又云：蒋倬章与康有为等结识，得改良主义思想启迪，于金华创建梅溪试馆，在杭州倡立金衢严处四府同乡会。后与蔡元培、章太炎等往来，又受资产阶级民主主义思想影响，积极参与救国活动。1904年，蔡元培在上海成立光复会，蒋倬章是50名基本成员之一。章太炎主持浙江光复会，蒋倬章与陶成章负责活动于上江各地。秋瑾自日本归来主持浙江同盟会，以倬章有群众基础而深为倚重，赋诗相赠，并两次亲赴水阁与倬章商议起义事宜。

以上文字可见蒋倬章有知识、有胆魄、有能力承担中厅重建工程设计的"督造"。

（五）紫薇山建筑群出于始祖

东阳市黄田畈镇有个紫薇山村，村人许弘纲25岁中明万历八年（公元1580年）进士并授绩溪知县，31岁授刑科给事中，43岁官通政使司右通政，47岁官顺天府府尹，65岁起任都察院右都御史兼兵部右侍郎总督两广军务，73岁为南京兵部尚书，75岁获赠太子少保，83岁去世，钦赐祭葬，崇祀名宦乡贤。

许弘纲有两个弟弟，大弟弟宏纪官朝鲜守备，小弟弟宏纶官准加盐运司。

紫薇山有远近闻名的三大建筑群。许宏纲的"尚书第"，五进，在中轴线上。其西70米左右是大弟弟宏纪的"将军第"，中厅额"有恒堂"，五进，前三进已毁；其东70

米左右是小弟弟宏纶的"大夫第"，中厅额"开泰堂"，五进，前二进已毁。

许宏纲门楼外景

许宏纲三兄弟大宅院中厅彩绘梁架

尚书第保存完好，现为省级重点文物保护单位。坐北朝南。第一进门楼五开间，大门两旁设须弥座与抱鼓石；第二进照厅，五开间，明崇祯六年（公元1633年）许宏纲八十大寿，皇帝遣使慰问，悬了"天恩存问"竖匾；第三进大厅曰"诒燕堂"，五开间，是迎宾送客和大型祭祀之处；第四进花厅也称"女厅"，专为宴请女宾及娱乐之所，但已毁；第五进三合院，是父亲许文清住的宅院，厅堂匾额曰"培薇堂"。

民间传说，有一天许宏纲父亲许文清抱着哭闹不止的小宏纲从老家东山村到一个去处，小宏纲突然间不哭不闹了，许文清觉得很是奇怪。因为精通风水，他定睛发现前有横贯东西的鸡冠山为朝，后有巍峨的北山为座，东有东田冈，西有柏墩冈，便是守护神左青龙、右白虎；南山北山相距数里，中间"天气"（空间）宽阔，虽然并不平坦，稍加整理便是极为宜居的风水宝地，后名之紫薇山。所以有史以来都传说，这村址和三条轴线大建筑群都是始祖许文清看中的，选定的。

不久许文清决定从东山迁到紫薇山卜居，培养三个儿子成人做了大官。然后于明万历十六年（公元1588年）至二十九年（公元1601年）在紫薇山建了三条轴线的大宅院。

在建造三条轴线大宅院的13年中，许宏纲两次辞官回乡。第一次是明万历十八年（公元1590年）他35岁任刑科给事中时，第二次是万历二十二年（公元1594年）39岁他升少常寺少卿时。为什么？笔者断定有协助父亲谋划建设的可能。万历二十九年许宏纲

46岁升左通政，工程告竣，他报朝廷册封为"益府"。

因此可以说，父亲许文清是总策划师兼总设计师，许宏纲是副总设计师。现存"尚书第"诒燕堂和"大夫第"开泰堂的平头梁架装饰，不做东阳时兴的木雕，而是采用北方彩绘，这肯定是许宏纲的设计意图，表现了许氏家族对北方故乡故土及古文化的怀念。

（六）吴棋记民居施工图设计

义乌市佛堂镇大文头35号，有座吴棋记民居，马头墙，大院落，敞口厅，雕梁画栋，甚是精美，堪称"婺派建筑"代表作。

吴棋记民居总占地1325平方米，其中建筑占地763平方米，建于1939~1945年。中国作家协会会员潘爱娟女士在《行在义乌》（文汇出版社出版，2018年）一书中第237~239页介绍：主人吴茂棋（公元1890—1973年）年轻时学做生意，后来与人合办"同顺丰"商号，再后来在上海赚了大钱，因此远近闻名。1939年（民国二十八年）在佛堂镇买了几亩地，计划建三进"十八间头"两层大宅院，以体现他一生奋斗中成功迈出的"三大步"。

《行在义乌》封面

书中写道，为此他特"延聘东阳大木匠贾汝海为他画屋样"，期间因地基纵深不够改为两进。前一进是"十八间头"四合院，两层，上房三间是敞口的楼下厅，左右厢房各三间，设倒座，井字形走廊。后一进是"十八间头"四合院，左右厢房各三间，两层，上房三间为三层，含"更上一层楼""步步高升""连升三级"之意。后一进院落还凿两口大方池，既贮消防之水，又寓"四方来财"之意。次年屋样画好，初春动工，1942年义乌在抗日战争中沦陷，最终只留下后进四合院，前院地基改建为花园。

此例可以说明，主人吴茂棋是建筑方案策划者，大木匠贾汝海是设计参与者兼施工图设计者。

（七）《永清徐氏宗谱》线索

金华市婺城区雅畈镇石楠塘村《永清徐氏宗谱》卷一第218～219页有载，对于"七位明万历己亥创建寝室、享堂、门楼及内左右侧厅"者"仰追其勋劳于勿替"，作为"报功神主"，与始祖、孝友、节烈们一起上《宗谱》，并供奉于祠。

七位"报功神主"，笔者认为一不是捐钱捐物者，宗谱《建靠本祠劝捐小引》上没有他们的名字；二不是工匠，他们是"勋劳"于族人"勿替"的裔孙。因此，七位"报功神主"应该是承担工程总策划、总设计而有巨大贡献者。他们分别是：号北峰公的徐友仪，号东川公的徐良恩，号华南公、有庠生衔的徐文儒，号仰川公的徐滂，号振山公、太学生徐涛，号静斋公的徐体仁等。从名号

徐氏宗谱　　　　　　徐氏宗祠正厅内景

徐氏宗祠外景　　　　《徐氏宗谱》卷之一
　　　　　　　　　　　218～219页

《徐氏宗谱》卷之末二内59页

记载可知，他们都是读书有身份的人，都是有见识、有经验、有作为的人，都是被族人一致公认的、"寝室、享堂、门楼及内左右侧厅"之"创建"者。

该《宗谱》卷之末二第58～59页《章一百五十三持盛徐翁传》又载："粤稽徐姓系出唐参谋军国行军长史公后，奕叶相传，衣冠济美，固凤称望族也。……翁讳发，字持盛，……自幼从父肄业读书数行，朗朗成诵。……及年甫弱冠不幸失怙，斯时母居寡弟尚幼，内外家政备责于一身，翁之遭遇良极艰耳。……生平志气激昂，尝以豪俊自负。至此动辄曰吾生不得其时，居不得其地耳。无何甲寅又遇闽变，家业尽废。翁则率四弟，不避艰险，竭志经营本末，交资勤俭佐理而家业复振。至于礼乐传家，诗书世业，固徐氏之家声也。昔若先生以博通经史之才，……而翁之才智更异众矣！若夫重

建祠寝，所以崇先也；卜其筑室，所以裕后也。迄今观其寝则巍然，览其室则焕然。屏列于前者，高峰之苍郁；环绕于左者，溪水之涟漪。其势雄其制，古洵一时之巨观也！语曰，积善之家，必有馀庆。兰桂挺秀，弥昌弥炽，又其宜焉。"从中可见业主系出书香门第，即便遭遇艰难，有机会营造居室，仍不忘"巍然""焕然"之规模与气势。

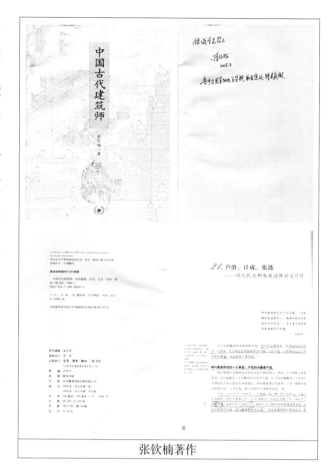

张钦楠著作

（八）获建设部权威认定

建设部勘察设计司副司长张钦楠先生，把前面提到的卢溶，作为"明代民宅设计师"收入他于2008年出版的《中国古代建筑师》一书（见第232～235页）。

他说卢溶是肃雍堂的主人，"也是建造的主要负责人"。这说明其把业主作为婺派建筑设计师的。

他还在书中第234页写道，"这个家族出过贡生52人，例贡36人，乡武中举29人，其中解元2人，殿试进士8人。村中有各种书院等教育建筑近10处，还有铜佛殿、大柿阁、白塔庵、关帝庙等寺庙建筑16处，各种园林景点20多处。可见这种聚居形式有利于为朝廷培养和产生官僚后备军。"

张钦楠先生在书中注明：资料出自洪铁城《经典卢宅》，中国城市出版社，2004年。

三、二十年前笔者推出结论

1992年，笔者在《儒家传人创造的东阳明清住宅》一文中推出结论：（1）东阳明清住宅——婺派建筑代表作其创造者都是读书人。（2）这些读书人出身名门望族、官宦人家，都是北方过来的儒家传人。（3）他们有高水平的文化艺术修养，有独立的人生观、世界观，所以有能力创造出高雅的、完美的、科学的生存空间与环境。

2000年在同济大学出版社出版的《东阳明清住宅》书中，笔者用大量史料佐证了儒家传人创造自己喜欢的生存空间与环境的观点，并且佐证了这些儒家传人都是北方南迁的名门望族与皇亲国戚，南迁祖上都是高级官员。现在补充一句：以东阳"十三间头"为基本单元的"婺派建筑"，实质上是北方官宦文化与浙中地方文化相结合的产物，是北方士人与地方工匠共同创造的居住建筑体系。

《东阳明清住宅》封面

四、本章结语

通过分析作出归纳："婺派建筑"大宅院的策划者及总体方案设计者，是业主，虽然一般不会有正式图纸；具体的施工图设计者，如确定开间、进深、层高等，多由大木作充任；而木雕、砖雕、石雕、壁画及门窗五金等，则由各工种自行设计。但有一个大原则，那就是都要得到业主认可，所以业主可称之为总设计者。

第九章　千年家园

一、半个世纪，无尽厮磨

婺派建筑值得大书特书的是：千年家园，依然让人喜欢，有那么多人愿意一代代地生于斯，长于斯，甚至死于斯。这是为什么？

笔者揣着十万个为什么，五十多年的进进出出，"没完没了"。遗憾的是笔者爷爷只留下一间婺派建筑三合院左上角的洞头屋，在皇粮墩村，2016年被拆掉了。

幸好生在作为婺派建筑保存最多、最精彩的东阳，有幸与之零距离接触，相依相伴，有幸终生从事城市规划、建筑设计、村落研究工作，因此有机会并且有理由、有责任去解读、研究、关注婺派建筑的过去与将来。

而且因此，笔者五十多年坚持不懈地去解读、研究、关注其他地区、其他民族的传统建筑，目的为了更好地回头解读、研究、关注婺派建筑的过去与将来。

自20世纪80年代初至今，笔者曾先后邀请并陪同很多领导与专家、学者、教授参观婺派建筑，他们都对婺派建筑作出了高度评价。如：建设部副部长、两院院士周干峙，中国建筑学会秘书长龚德顺、副秘书长邵华郁、张百平，《建筑知识》杂志主编冯利芳（后为《中国建设报》总编辑），国家文物局古建筑专家组组长罗哲文、中国文物学会古建筑专家组组长谢辰生、国家文物局原局长吕济民，国家级历史文化名城委员会副主任郑孝燮、秘书长鲍世行，清华大学建筑系吴焕加教授（我的导师）、何重义教授，中国建筑工业出版社副总编辑杨永生、编审马红（女），北京建筑设计研究院总建筑师周治良，东南大学建筑系教授钟训正（现为中科院院士），天津大学建筑系教授彭一刚（现为中科院院士），同济大学建筑系主任戴复东教授（现为中国工程院院士）、沈福熙教授、卢济威教授以及出版社社长、总编辑支文军教授等。均认为婺派建筑"是具有国际水平的文化艺术遗产！"

二、活态存在，说明一切

到过东阳及金华几个县市亲身体验过婺派建筑者，亲眼看到——

酷暑日子，村民们居然不用空调不开电风扇，在"十三间头"三合院里打牌、聊天、写作业、做手工、乘风凉；寒冬腊月日子，村民们在"十三间头"三合院里聊天、下棋、晒太阳……婺派建筑里，有着说不尽道不完的温馨与亲切。

听到婺剧坐唱班的唢呐声、锣鼓声，正从"十三间头"三合院里响起来；母鸡下蛋之后从笼子走出来的"咯咯"叫声，正从"十三间头"三合院里传出来；祖孙三代坐在走廊下，其乐融融；妯娌们你挨我、我挨你地大着嗓门笑闹在一起……婺派建筑里，有着听不尽听不厌的乡音与乡愁。

婺派建筑宅院老少宜居，冬、夏很少用取暖、降温设备

还有霉干菜炒猪肉和蒸土鸡的香味，八仙桌上盖了红戳的馒头，大三角形的焐肉和红红的饧梅喜气，还有金华酥饼、汤溪葱花肉以及磐安的腊肉笋干煲和金缨子酒，浦江的豆腐皮，兰溪的梅江烧等等，金华各县市的名菜名点名酒数不胜数，不仅香极了，而且好看极了，色香味俱全。

还有逢年过节，这个村那个村的龙灯、狮子正在争先恐后地舞起来，这个堂那个厅的大堂灯和各式纱灯正在一盏盏地亮起来，三五层楼高的巍山大龙星和一亩田面积的玉山龙虎大旗正被上百个壮汉竖起来，楼店、夏程里的秋车慢慢地转起来，桦溪"婺州南孔"阙里的莲花落、铜钱舞、大秧歌正在跳起来，金华的佛手飘香，茶花、兰花争奇斗艳，还有金华下伊村的"保稻节"开锣，好多个农村婺剧团拉开大幕开始"斗台"，这里那里的庙会、物资交流会正在闹起来，还有炼火、高跷、蚌舞、长旗、大蜡烛、九狮图、叠罗汉、翻九楼、过彩桥及摆斗、米塑等等等等。作为金华人实在是幸福极了，一年到头都有看不完赏不尽的非物质文化遗产。其节目气势宏大、精彩绝伦，是其他地方不易见到的。

有史以来金华各县市藏龙卧虎，人才辈出。例如佛家、道家、画家、民族英雄、文学家、理学家、名医、爱国名将等等，创造了不少让全中国乃至全世界为之赞佩的奇迹。

众多存在能不能说明八婺才俊创造了婺派建筑，而婺派建筑塑造了八婺才俊呢？

答案应该是肯定的。

三、传承有人，千年有爱

婺派建筑大宅院设计施工难度较大，但传承有人，东阳作为"泥木工仓库""木雕之乡"，婺派建筑即使建造难度大也难不倒东阳的泥木工，难不倒东阳的木雕艺人。其他工种也一样，对于婺派建筑有很多很多人在喜欢，在习艺，在传承，而且能人辈出。

然而更为令人欣喜的是金华各县市的老百姓都喜欢婺派建筑，所以不但把数以千计的明清婺派建筑花巨资保护、修复了，而且还出现了不少优秀的仿古建筑，甚至整个村——例如东阳八达乡的白泉村，甚至整个镇——例如东阳木雕小镇，蓝天白云之下马头墙像万马奔腾此起彼伏，十分壮观，甚为振奋人心。

这一切可以说明什么？

说明千百年来老百姓们对婺派建筑的爱，很真，很深，没有变；说明中国传统文化的精华，得以很好的保护与传承。

第十章 分布状况

一、在古婺州（现为金华市）的县、市、区

整个金华，东阳、义乌、浦江、武义、永康、磐安和兰溪保留的婺派建筑特别多。

其中东阳有卢宅肃雍堂，白坦务本堂，横店瑞霭堂、瑞芝堂，怀鲁史家庄花厅，下石塘润德堂，南马上安恬懋德堂等1600多座约计3万间，包括国家级、省级文保单位10处，市级文保点111处。

磐安有孔氏家庙、茶场庙、九思堂、聚星堂等593座约计上万间，包括国家级、省级文保单位8处，市级文保点56处。

另有义乌的黄山八面厅、佛堂吴棋记宅、倍磊村仪性堂、赤岸雅端村容安堂、大陈凰升塘民居群、廿三里陶店何氏民居群，浦江的郑氏义门、白马镇进士第；永康的徐震二公祠，武义的郭洞村古民居、俞源村古民居等，都可称之为代表作。

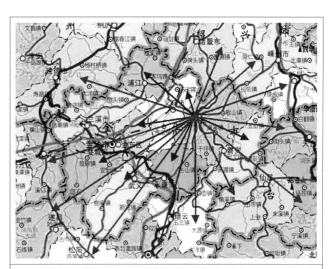

东阳传统建筑模式扩展范围图（深红箭头指金华各县市，朱红箭头指金华外围几个县市）

这几个县市都是古"八婺"成员，保留明清时期单元式住宅数量很多，具有很高的历史价值、文化价值、科学价值、艺术价值、社会价值和经济价值。

堪称婺派建筑中规模最大的代表作——东阳卢氏住宅组群主体建筑的肃雍堂，中轴线上有宅院九进，坐北朝南偏西35°，纵深320米，有115个房间，总占地6470平方米，是我国现存规模最大、中轴线最长、保护最完整的古代宅院建筑群。刘敦桢教授1984年在《中国古代建筑史》第313页上写下权威的论述："现存明代住宅如浙江东阳官僚地主卢

氏住宅经数代经营，成为规模宏阔、雕饰豪华的巨大组群"。并且把"十三间头"以编号"3"画在全国十六个典型民居分布图上。1988年东阳卢宅被国务院批准为全国重点文物保护单位。

金华各县、市、区现存婺派建筑文保单位统计　　　　　表10-1

县市区名	国保单位	省保单位	县保单位	文保点	婺派建筑代表作
婺城区	7	10	28	51	永康考寓、七家厅、方梅生故居
金东区	/	7	28	90	艾青故居、施光南故居、琐园村乡土（厅堂）建筑
兰溪市	2	14	65	17	世德堂、积庆堂、爱敬堂、嘉庆堂、永锡堂、邵德堂、葆滋堂
东阳市	2	8	53	128	卢宅肃雍堂、马上桥花厅、福舆堂、紫薇山（厅堂）民居、李宅村古建筑群、严济慈故居、懋德堂、务本堂、史家庄花厅、位育堂
义乌市	1	8	156	296	黄山八面厅、冯雪峰故居、吴晗故居、容安堂、朱店朱宅、陈望道故居、佛堂吴宅、萃和堂、仰止堂、留耕堂、承吉堂、种德堂
永康市	/	9	47	164	古山胡氏旧宅、花街大夫第、燕贻堂、仁寿堂、慈孝堂、厚吴村乡土（厅堂）建筑
武义县	2	5	22	27	俞源村（厅堂）古建筑群、忠孝堂、石板巷陈家厅、履坦徐氏民居、王村花厅
浦江县	1	4	22	/	郑义门（厅堂）古建筑群、陈肇英故居、理和堂、严家廿四间头、鸿渐堂克猷堂
磐安县	2	3	10	40	钟英堂、下厅、清德堂、翔和堂、鸿绪堂、积庆堂、新宅花厅
合计	17	67	331	813	共计1228处

可以这样说：建于数百年前诸如此类的传统宅院建筑，是东阳为主的金华各县市一代代工匠们聪明才智的结晶，是东阳作为"建筑之乡"辉煌历史的立体档案，同时也是研究浙江中部地方传统建筑造型艺术、空间设计、工程配套以及建筑材料、建筑科学的百科全书，是研究建筑集群、聚落和城镇形成过程的实物资料，是寻找乡愁，聆听乡音，品尝乡味，欣赏故乡风光不可或缺的载体。

二、在古婺州外围县市区

除了金华地区，其实婺派建筑在绍兴市的嵊州、诸暨，衢州市的龙游、江山，丽水市的松阳、遂昌、缙云，杭州市的建德、桐庐，温州市的永嘉、台州市的董岩等地，也有不少实例存在。

例如丽水市缙云河阳村的十多个宅院民居、松阳省级重点文物保护单位黄家大院，绍兴市嵊州长乐镇的钱氏大新屋、诸暨国家重点文物保护单位"斯盛居"古建筑群，温州市永嘉的将军屋等等，都是具有婺派建筑"五大特征"的极其宝贵的代表作。

原因在于这些地区紧邻婺州，受婺文化影响较多，可以把它们划入婺文化区。

当然，像温州市永嘉的将军屋，则因路程相去较远，地方性变化便多了一些。

三、文化特色的构成基因

创造婺派建筑的金华地处浙江中部，其北部是吴越文化区，南部是瓯越文化区，金华正好是吴越文化与瓯越文化的交接区。金华之西是徽文化区与赣文化区，金华之东是海洋文化区，故金华又是徽文化、赣文化与海洋文化的交接区。然而金华人敢于别开生面，既不照搬照抄吴越、瓯越、徽、赣、海洋文化，又能或多或少接纳融汇相邻文化的长处，从而创造了别具特色的婺文化区。

因此可以说，婺派建筑既有吴越文化的礼制，又有对瓯越文化的向往；既有海洋文化的大气，又有徽赣文化的坚守。金华婺文化，实际上是本地文化和移民文化的大融合文化。诚如《义乌古建筑》"序一"所云：义乌"至今保存完好的明清古建筑，其布局组合，结构形式，墙体装饰等都融浙、徽、赣式及客家文化于一体"。

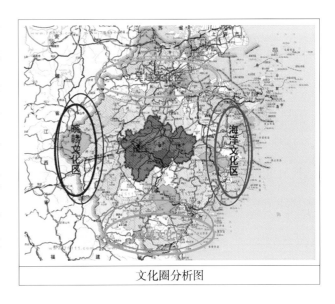

文化圈分析图

　　金华各县市及周边松阳、建德、缙云、衢州、江山、龙游等县市流传400年的地方戏——婺剧，为什么有六大声腔？为什么不同于越剧、甬剧、睦剧、瓯剧？

　　因为金华地处多种文化交接区，既接纳、融汇了相邻文化区的精华，又有独树一帜的能力与魄力。

　　婺派建筑自成风格，独树一帜，缘由也在其中。

思慎堂保留在堂屋板壁的捷报

第十一章 作为结论

一、婺派建筑由儒家传人创造

（一）儒家创造基本单元

婺派建筑的"十三间头"大宅院出之何人之手？笔者早在2000年出版的《东阳明清住宅》一书中指出：多出之皇亲国戚、名门望族、文人学士后裔。换句话说，即出于儒家传人之手。

地方志和谱牒有载，很多北方大家族，因皇上赐居，因任官秩满，因爱慕山川，因游学拜师，因经营工商乃至躲避战乱，或遁世隐居，或逃荒谋生等等不同原因，成为卜居金华各地的始祖。具体拿东阳来说，110多个主要姓氏中，有80多个是北方移民，其中有赵匡胤弟弟赵匡美裔孙，有郭子仪和严子陵、范仲淹、"三苏"裔孙，例子俯首即拾。如金华婺城区亭久村，原是汉骠骑将军卢文台因王莽篡权离开京城于建武三年（公元27年）带36名部属南下卜居形成的。再拿金华金东区孝顺镇白溪村来说，古时有六七十个姓氏聚居，《金华詹都詹氏宗谱》载："相传万一公自江西吉安府吉水县东门外来浙之金华经商，詹、傅、李、白四友同往婺东十五都凤凰山脚詹都，观其山明水秀，土沃俗淳，遂筑室焉。"认为"可居、可田"，还可以经商做生意，是"可启后，可开先"的"不拔之基"。

上海交通大学出版社出版的《义乌古建筑》在"概述"中所写："义乌古民居的外形平实，井然有序，没有过多的张扬，反映了农耕文明的简约、质朴和实用，内部格局则体现长幼有别，敬天法祖等儒家思想理念。"

（二）基本单元意愿表达

儒家传人的共性是尊师重教，遵纪守法，循轨踏道。他们把思想、品质、操守、精神物化为空间造出婺派建筑"十三间头"大宅院，显现着独特的文化印记。即：中轴线发展，象征代代相传；左右对称，不偏不倚，谋求阴阳和谐；大敞厅、大院落，意蕴鸿鹄大志，襟怀坦白；室内外有木雕、砖雕、石雕、墨画等装饰，讲究有的放矢，寓教于乐。归纳起来，就是儒家传人创造的婺派建筑，处处显示着讲礼义、讲法制、讲中庸、讲和谐的文化胎记，包括木梁架、木门窗白胚不施油彩、院落不莳花植树，显示着朴素自然的性格特征。

（三）用文字学分析佐证

婺派建筑不少大宅院以先人最高官衔、最高职位或最高荣誉命名，如"尚书第""大夫第""司马第""状元第""进士第"" 秀才楼"等等；但更多的与家族历史，与处世，与励志有关而命名，如"肃雍堂""务本堂""承德堂""敬义堂""尚睦堂""敦伦堂""积厚堂""燕翼堂""光裕堂""存义堂""惟善堂""培德堂""诗礼堂""助廉厅""养志堂""星聚堂"及"一经堂""三省堂""三槐堂""四本堂""六吉堂""九思堂""百顺堂"等等；还有以规模而名的，如"十三间头""廿四间头""十一间头""廿一间头""廿七间头"等等；还有以家族房序命名的，如"四份厅""七份厅""八份厅"等等；还有后辈人以先祖名字重新命名的，如"陈望道故居""严济慈故居""蔡希陶故居""艾青故居""施光南故居""蒋雪舫故居""冯雪峰故居""吴晗故居""汤恩伯故居""潘漠华故居""石西民故居""马文车故居""赵松庭故居"等等。归根结底一句话，婺派建筑这些大宅院均是做官人、读书人、大名人们建起来的、居住过的遗构；如果是普通老百姓建的房子，何来如此这般雅致的堂号。

二、"十三间头"的学科性优长

婺派建筑最精彩最经典的杰作是基本单元"十三间头"。笔者在专著《"十三间头"拆零研究》(中国戏剧出版社出版)一书中对其优长作了详细论述。

现概括学科性优长为以下几点：

（一）功能齐全结构严谨

婺派建筑"十三间头"基本单元由大小堂屋3间、卧室6间、厨房厕所各1间和贮藏室2间所构成，使用功能齐全，阴阳平衡，八卦无缺，动静搭配，布局科学合理，适于祖孙三代同灶而居。

（二）消防救援疏散便捷

婺派建筑"十三间头"基本单元内有"艹"形走廊纵横安排，既是室内外过渡空间、灰空间，又具有良好的交通性，有六七个出入口，符合消防救援与疏散要求。

（三）因规范化而工业化

作为住宅建筑基本单元，"十三间头"结构极为规范，因此不但有利于对梁柱、门窗以及石作、瓦作等大小构配件进行预制加工，而且也利于工料预算、筹备和营建过程管理，其成就显示着建筑标准化、工业化开始走进一个较为成熟的阶段。

（四）科学布局用地节约

用现代专业术语解释，"十三间头"系低层高密度居住区规划布局的基本单元。虽然是农耕时代的产物，但由于土地利用率极高，而且适于一家一户复制，适于家族宅院扩建，适于邻里和谐聚居，故此数百年来能活态存在，讨人喜欢。

三、婺派建筑的文化性存在

（一）是儒学核心思想"中庸"的物化标志

笔者说：全对称的婺派建筑"十三间头"，是孔子和儒家将"中庸"作为一种道德观念提倡的物化表述。因为——

孔子曰：中庸之为德也，其至矣乎！民鲜久矣。

注释：中庸，中，谓之无过无不及。庸，平常。

程子曰：不偏之谓中，不易之谓庸。中者天下之正道，庸者天下之定理。

宋儒说：不偏不倚谓之中，平常谓庸。

讲中庸，就是讲调和，讲公正，讲均衡。孔子认为，中庸是一种最高的道德。

（二）是"非礼勿为，非礼勿动"的礼制成果

颜渊问仁。子曰：克己复礼为仁。一日克己复礼，天下归仁焉。

颜渊问其目。子曰：非礼勿视，非礼勿听，非礼勿言，非礼勿为，非礼勿动。

注释："礼"在春秋时代，泛指奴隶社会的典章制度和道德规范。

孔子曰：礼之用，和为贵。先王之道，斯为美。

注释："和"，和谐、和平、和合、和气、和睦、和顺之"和"。

孔子的"礼"，既指"周礼"、礼节、仪式，也指人们的道德规范。

（三）有着《朱子家训》对应的物理性空间

"黎明即起，洒扫庭除，要内外整洁"——庭除，指的就是院落与廊庑。

"既昏便息，关锁门户，必亲自检点"—— 即关锁大小台门和房门。

"祖宗虽远，祭祀不可不诚"——故此必须有上房堂屋供奉祖先灵位挂像。

"子孙虽愚，经书不可不读"——厢房、耳房、廊庑都是孩子读书习字之处。

"兄弟叔侄，须分多润寡"——故此供居住的厢房，样貌与面积一个样。

"长幼内外，宜法肃辞严"——对称严谨的宅院其实是人人遵从的生活规范。

"家门和顺，虽饔飧不继，亦有余欢"—— 指家人和气相处，虽苦犹乐。

孔子曰：以道为志向，以德为根据，以仁好凭借，活动于六艺的范围之中。

四、作为结论

（一）礼治原则，坚定不移

儒家坚持"亲亲""尊尊"立法原则，维护"礼治"，提倡"德治"，重视"人治"。

儒家的"礼治"，具体表现在制度上。

婺派建筑基本单元"十三间头"讲究制度。它既是"礼治"的结果，也是"德治""人

治"的结果。

"婺派建筑"基本单元"十三间头"强调对称、均衡、和谐，其实就是中国儒家核心思想"仁"——爱人，"礼"——制度，"中庸"——不偏不倚的物化表述。

（二）世人评价，众口一词

婺派建筑气势宏大，华丽典雅，高品位，高规格。20世纪80年代初，其中东阳明清住宅就被海内外专家学者一致誉为"具有国际水平的文化艺术遗产"。

（三）八婺才俊，形象工程

八婺才俊创造了婺派建筑，婺派建筑造就了八婺才俊。

婺派建筑是八婺才俊的另一种形象，或者说是过去时的雕像。

（四）最后结论：国学之宝

生于斯，成于斯，名于斯的婺派建筑，是物化了的四书五经、唐诗宋词、朱子家训，融经史子集之精华，涵琴棋书画之神韵，集八婺百工之智慧，具中国儒家形象、气质与品位，是儒家文化的产物，很礼仪，很家园，很大匠，很中国，有着不可低估的历史、文化、科学、艺术、社会和经济价值，是中国国学的活标本、活化石，将永远屹立于中华民族建筑之林。

参考文献

[1] 刘敦桢. 中国古代建筑史. 北京：中国建筑工业出版社，1980.

[2] 中国建筑历史研究所. 浙江民居. 北京：中国建筑工业出版社，1984.

[3] 高鉁明，王乃香，陈瑜. 福建民居. 北京：中国建筑工业出版社，1987.

[4] 云南设计院. 云南民居. 北京：中国建筑工业出版社，1986.

[5] 陆元鼎，魏彦钧. 广东民居. 北京：中国建筑工业出版社，1990.

[6] 徐民苏，等. 苏州民居. 北京：中国建筑工业出版社，1991.

[7] 何重义. 湘西民居. 北京：中国建筑工业出版社，1995.

[8] 陆翔，王其明. 北京四合院. 北京：中国建筑工业出版社，1996.

[9] 左满常，白宪臣. 河南民居. 北京：中国建筑工业出版社，2007.

[10] 丁俊清，杨献平. 浙江民居. 北京：中国建筑工业出版社，2008.

[11] 黄浩. 江西民居. 北京：中国建筑工业出版社，2008.

[12] 李晓峰，谭刚毅. 两湖民居. 北京：中国建筑工业出版社，2009.

[13] 单德启. 安徽民居. 北京：中国建筑工业出版社，2009.

[14] 雍振华. 江苏民居. 北京：中国建筑工业出版社，2009.

[15] 戴志坚. 福建民居. 北京：中国建筑工业出版社，2009.

[16] 李先逵. 四川民居. 北京：中国建筑工业出版社，2009.

[17] 李乾朗，阎亚宁，徐裕健. 台湾民居. 北京：中国建筑工业出版社，2009.

[18] 洪铁城. 东阳明清住宅. 上海：同济大学出版社，2000.

[19] 洪铁城. 经典卢宅. 北京：中国城市出版社，2004.

[20] 洪铁城. 稀罕河阳. 北京：中国城市出版社，2005.

[21] 洪铁城. 沉浮樟溪. 北京：机械工业出版社，2006.

[22] 洪铁城. 城市规划100问. 北京：中国建筑工业出版社，2005.

[23] 洪铁城. "十三间头"拆零研究. 北京：戏剧出版社，2018.

[24] 韦定民. 东阳文保博览. 北京：中国文史出版社，2007.

[25] 韦锡龙. 卢宅营造技艺. 杭州：浙江古籍出版社，2014.

[26] 陈建强. 东阳古村落（上、中、下）. 杭州：西泠印社出版社，2014.

[27] 蒋锦萌. 东阳传统器具（上册）. 杭州：西泠印社出版社，2014.

[28] 吴丽娃. 义乌古建筑. 上海：上海交通大学出版社，2010.

[29] 洪铁城. 东阳的古建筑艺术. 经济生活报，1983-08-06.

[30] 洪铁城. 专家盛赞东阳古建筑. 经济生活报，1984-11-07.

[31] 洪铁城. 明代建筑：东阳卢宅. 浙江建筑，1985，2.

[32] 洪铁城. 东阳明清住宅木雕装饰的文化艺术价值. 时代建筑，1989.

[33] 洪铁城. 清代木雕住宅"千柱落地"初探. 时代建筑，1987.

[34] 洪铁城. 中国两大建筑装饰木雕. 中国美术报，1987. 人民日报. 海外版转载.

[35] 洪铁城. 中国民居建筑杂谈. 科技日报，1988-08-09.

[36] 洪铁城. 东阳明清住宅建筑木雕装饰的文化艺术价值. 时代建筑，1989，4.

[37] 洪铁城. 论东阳明清住宅的存在特征与价值. 西安：中国传统建筑园林会议主旨报告，1992.

[38] 洪铁城. 论东阳明清住宅的存在特征与价值. 时代建筑，1992，1.

[39] 洪铁城. 儒家传人创造的东阳明清住宅. 中国传统民居研讨会论文集，1992.

[40] 洪铁城. 杨溪十八间. 光明日报，1993-11-20.

[41] 洪铁城. 孔氏家庙，婺州阙里. 中国文物报，浙江日报，1993. 人民日报海外版转载.

[42] 洪铁城. 论文物建筑易地搬迁保护. 时代建筑，1998，2.

[43] 洪铁城. 东阳明清聚落卢宅保护价值分析. 华中建筑，2004，6.

[44] 洪铁城. 明清聚落卢宅原始规划分析. 日本：2004年亚洲第五届国际建筑学术交流会论文集，2004.

[45] 洪铁城. 自然山水格局选择正误判断. 华中建筑，2007，11.

[46] 洪铁城. "婺派建筑"由来及其存在特征. 中华民居，2010，5.

[47] 洪铁城. 华夏民族选定的国家中轴线. 建筑时报，2012-12-13.

[48] 洪铁城. "婺派建筑"由来及其存在特征. 金华社科论坛，2016，4.

[49] 洪铁城. "婺派建筑"由来及其存在特征. 中国建筑文化遗产，2017，4.

[50] 洪铁城. 中国国学活化石：婺派建筑. 建筑，2017，15/16.

[51] 洪铁城. 中国国学活化石：婺派建筑. 北京：住房和城乡建设部《中国传统建筑智慧》论文集，2017，5.

[52] 洪铁城. 东阳传统建筑. 建筑，2017，24.

下卷

第一章 五大特征

永康厚吴村马头墙存诚堂（图片来源：网络）

金华汤溪城隍庙门楼

东阳巍山某民居（图片来源：《浙江民居》，1965年）

永康厚吴马头墙进士第

金华黄宾虹公园——黄宾虹艺术馆（设计·洪铁城　1997年）

东阳卢宅大夫第马头墙门面墙

武义县俞源村马头墙传统民居

东阳卢宅肃雍堂东轴大厅马头墙

东阳卢宅马头墙（图片来源：华德韩，《东阳木雕》）

东阳卢宅大夫第大厅马头墙

东阳后周肇庆堂马头墙

东阳上卢镇东山头村某宅用片石砌筑马头墙

松阳山下阳村用生土筑就马头墙住宅

东阳卢宅敦裕堂敞口厅

浦江礼张村星光堂敞口厅

浦江礼张村张氏宗祠敞口厅

义乌黄山八面厅大堂

东阳湖店村三芝堂敞口厅

东阳白坦务本堂敞口厅

东阳卢宅肃雍堂东轴线敞口厅

东阳夏程里位育堂五开间敞口厅

东阳郭宅永贞堂五开间敞口厅

金华五都钱村继善堂敞口楼下厅

东阳蔡宅华萼堂敞口楼下厅

义乌前傅村承吉堂敞口厅

义乌倍磊村敬修堂敞口厅

五百年的东阳郭宅永贞堂地面

东阳李宅明代住宅"十台"第三进院落

东阳李宅明代住宅"十台"第四进院落

东阳卢宅肃雍堂第五进院落

东阳花园里清代李品芳故居院落

东阳植物学家蔡希陶故居院落

东阳白坦福舆堂院落

永康清代某传统民居院落（图片来源：网络）

诸暨清代斯盛居院落

松阳黄家大院院落

浦江清代维新里院落

义乌前傅村承吉堂院落

磐安榉溪村九思堂院落

磐安大皿两座传统民居院落

磐安榉溪村余庆堂院落

浦江礼张村清代日新堂院落

浦江"郑氏义门"内院

永嘉芙蓉村将军屋院落

慎德堂院落

八份头院落

新德堂院落

四份头院落

东阳横店夏里墅村厉氏大宅院瑞霭堂

义乌佛堂镇民居（图片来源：义乌市城规院）

义乌森屋村"一鉴堂"

东阳城区梅树巷大宅院

东阳城区东街某大宅院

松阳吴弄村某宅

武义西山下村陶宅

浦江礼张村某宅

金东区塘雅镇某大宅院

义乌黄山村大宅院八面厅（图片来源：义乌规划院）

武义俞园村某大宅院

折桂堂与省身

五、百工精装修

（一）木雕装饰

东阳史家庄花厅前檐木雕局部

东阳史家庄花厅中缝木雕牛腿

东阳花园里8号民居木雕牛腿

东阳上蒋"二份"民居木雕牛腿

东阳卢宅肃雍堂中缝木雕牛腿

东阳怀鲁史家庄朴花厅木雕牛腿

东阳花园里8号传统民居木雕牛腿

东阳南马上安恬懋德堂牛腿木雕

婺城区汤溪镇上堰头村传统民居"牛腿"木雕

武义延福寺后进木雕牛腿加做彩漆

东阳上安恬存义堂边缝牛腿与厢房梁交接处

松阳黄家大院边缝牛腿与厢房梁交接处

东阳史家庄花厅木雕轩顶（图片来源：华德韩，《东阳木雕》）

东阳双里墅瑞霭堂明间木雕轩顶（油漆是前几年加做的）

东阳夏里墅瑞霭堂次间木雕轩顶（油漆是前几年加做的）

马[上]湖头陆瑞芝堂木雕轩顶（油漆是前几年加做的）

东阳上安恬懋德堂镶嵌蓝宝石木雕轩顶局部

东阳木上蒋某民居雕轩顶局部

东阳湖头陆瑞芝堂厢房明间格扇门

东阳湖头陆瑞芝堂厢房格扇门（油漆加做）

东阳花园里李品芳故居厢房格扇门

东阳明代镂空雕格扇门上半部分（一）（图片来源：华德韩，《东阳木雕》）

东阳清代楼空雕格扇门局部（华德韩 摄）

东阳明代镂空雕格扇门上半部分（一）（图片来源：华德韩 《东阳木雕》，油漆前几年加做）

东阳清代镂空雕格扇前上半部分之一 （图片来源：华德韩：《东阳木雕》）

东阳清代镂空雕格扇门上半部分（二）图片来源：华德韩《东阳木雕》

缙云河阳村某宅窗扇镂空雕绦环板

东阳瑞芝堂厢房门绦环板

东阳传统建筑清代镂空雕格扇窗（一）

东阳传统建筑清代镂空雕格扇窗（三）

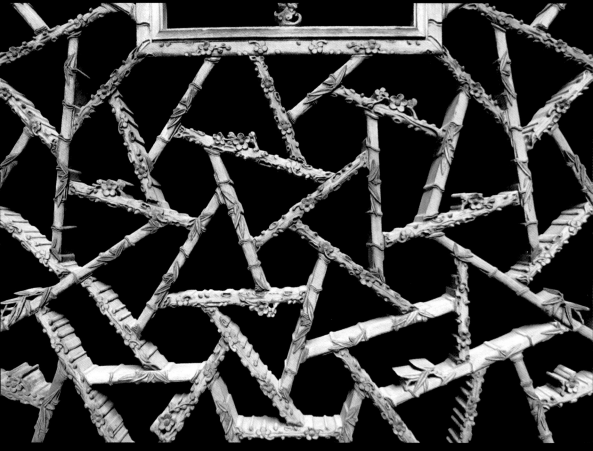

松阳黄家大院冰纹木雕格扇门局部

磐安某民居冰纹木雕格扇门局部

东阳花园里8号宅厢房檐柱木雕替木

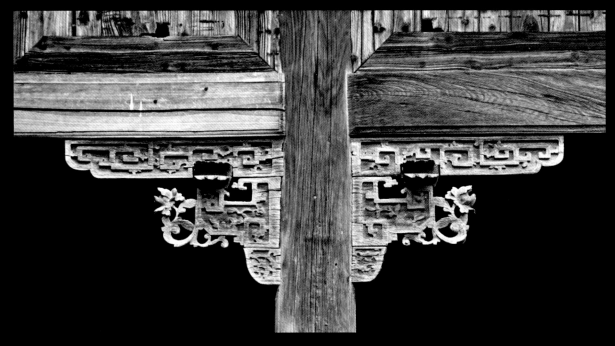

东阳王坎头敦和堂厢房檐柱木雕替木

东阳卢宅世雍堂檐柱木雕顶头栱

上安恬懋德堂厢房花篮栱

婺城区寺平务本堂中缝卷曲双鸥鱼木雕平梁

婺城区堰头村聚成堂中缝栋下木雕双狮小梁（厉新华 摄）

慎德堂前廊局部木雕

四份头前廊局部木雕

慎德萤堂厢房格扇门

省身萤堂厢房格扇门

日新萤格扇窗细部木雕

慎德萤格扇窗细部木雕

（二）泥胚砖雕

东阳卢宅肃雍堂东轴线三间五楼砖雕门楼

东阳卢宅敦裕堂砖雕牌楼内立面

清乾隆二十八年（公元1736年）金华武义县柳城郑家厅门墙局部

东阳古渊头四本堂门墙砖雕局部

金华武义县柳城郑家厅砖雕门墙局部（一），建于清乾隆二十八年（公元1763年）

金华武义县柳城郑家厅砖雕门墙局部（二），建于清乾隆二十八年（公元1763年）

金华婺城区五都钱村继善堂一间三楼砖雕门墙

婺城区中戴村传统民居砖雕门墙

婺城区寺平村传统民居砖雕门墙

金华婺城区寺平村传统民居砖雕门墙局部

金华汤溪中戴村传统建筑砖雕局部

金华婺城区五都钱村继善堂砖雕局部

金华汤溪传统建筑砖雕门墙局部

金华汤溪堰头村聚成堂三间五楼砖雕门墙

金华汤溪中戴村一间一楼砖雕门墙局部

东阳夏里墅村瑞霭堂石雕门墙

东阳六石街道下石塘村润德堂后进石雕门洞框

东阳花园里8号石雕门额

东阳史家庄花厅石雕门额

东阳怀鲁史家庄花厅石雕门洞上额

松阳叶村乡南岱村吴氏宗祠旗杆石

东阳卢宅肃雍堂石雕柱础

东阳后周肇庆堂石雕柱础

东阳上安恬懋德堂石雕柱础

东阳华店十三间头石雕柱础

丽水市松阳县兄弟进士牌坊局部（一）

丽水市松阳县兄弟进士牌坊局部（二）

东阳白坦务本堂石雕漏窗

东阳上安恬懋德堂内水池石栏杆

东阳华阳敦礼堂内水池石栏杆

金华婺城区堰头村聚成堂门墙石雕勒脚

东阳上蒋二份内院明沟石雕撑档

（四）壁画装饰

松阳三都杨家堂2号民居檐部壁书

松阳三都毛源村36号民居门墙壁画与板书

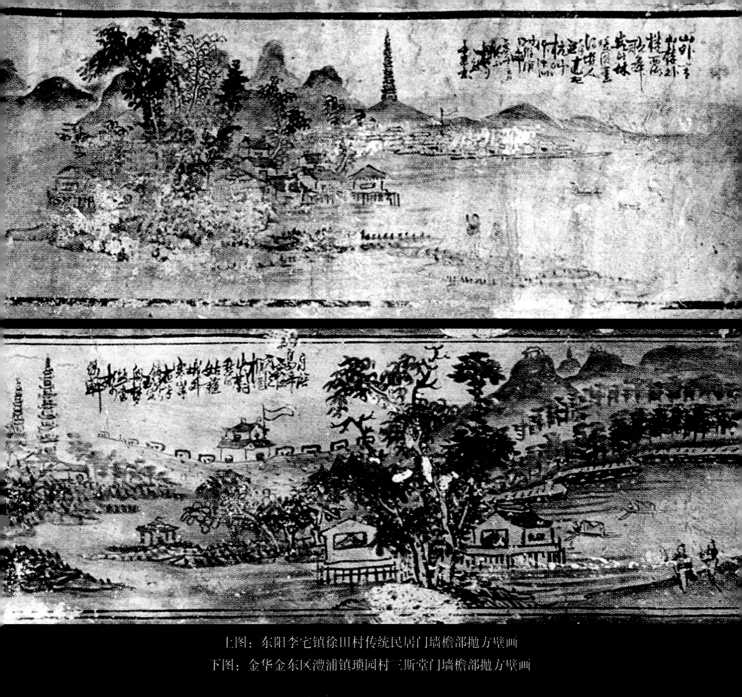

上图：东阳李宅镇徐田村传统民居门墙檐部抛方壁画

下图：金华金东区澧浦镇琐园村三斯堂门墙檐部抛方壁画

东阳花园里怀荫堂门墙檐部抛方壁画

东阳上安恬达德堂门墙檐部抛方壁画

东阳上蒋村廿七间头门墙檐部抛方壁画

耕讀傳家

遠送従此別青山空
覆情我時杯重把昨
夜月同行列郡謳歌
惜王朝出入榮江邶
獨歸霞寂寞晨殘生

幽意無斷絕此去隨所偶
晚風吹行舟花路入溪口
際夜轉西壑隔山望南斗
潭煙飛溶溶林月低向後
生事且彌漫愿為持竿叟

仙童騎神獸
送福上門走

高迁大宅院壁画与版书

东阳卢宅明代肃雍堂梁架彩绘

磐安茶潭明万历施氏宗祠梁架彩绘

东阳紫微山明大夫第梁架彩绘

东阳马上桥花厅门墙檐部人物堆塑

东阳史家庄花厅门墙檐部人物堆塑

东阳史家庄花厅门墙檐部内里挂落式堆塑

东阳花园里8号传统住宅门墙檐部花卉堆塑

丽水市松阳县三都乡毛源村36号传统民居门墙堆塑

（七）檐口瓦雕

东阳卢宅世雍堂檐口瓦雕

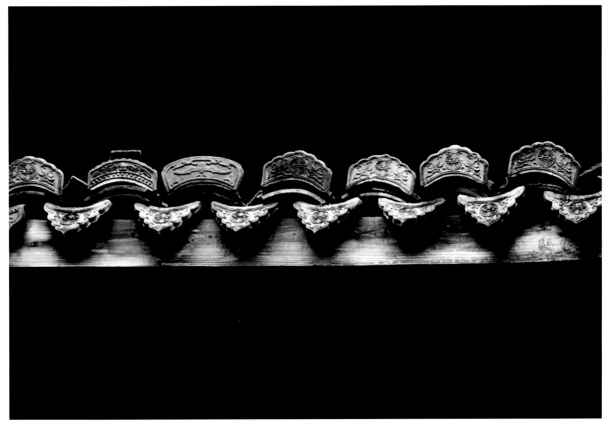

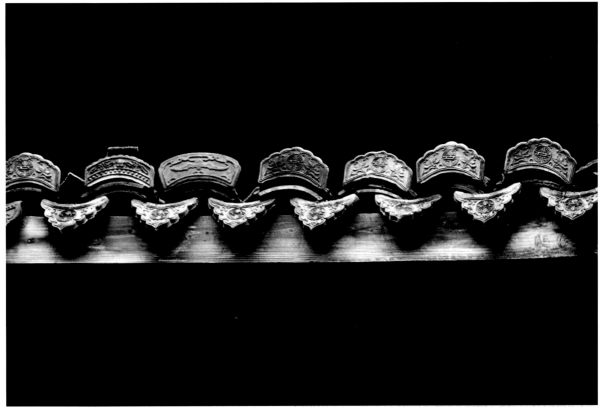

金华仙桥村传统建筑寿生堂檐口瓦雕

壁

东阳画溪人和堂照壁局部

东阳卢宅肃雍堂第五进——乐寿堂磨砖门坊局部

婺城区汤溪镇堰头村聚成堂磨砖门面墙局部

东阳王坎头方圹新屋内院鹅卵石花样墁地

东阳王坎头聿修堂院落鹅卵石花样墁地

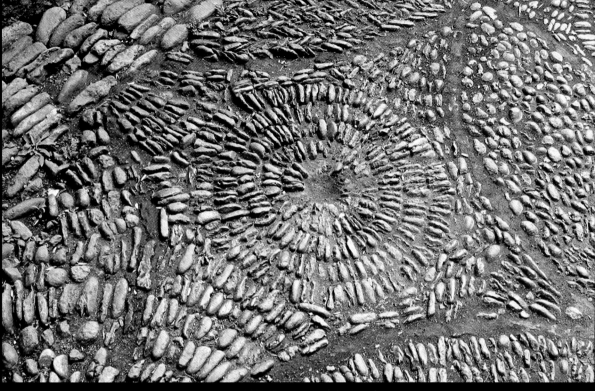

缙云河阳村传统民居内院鹅卵石墁地

缙云河阳村巷道鹅卵石墁地

高迁官宦巨宅院落小鹅卵石拼花地面

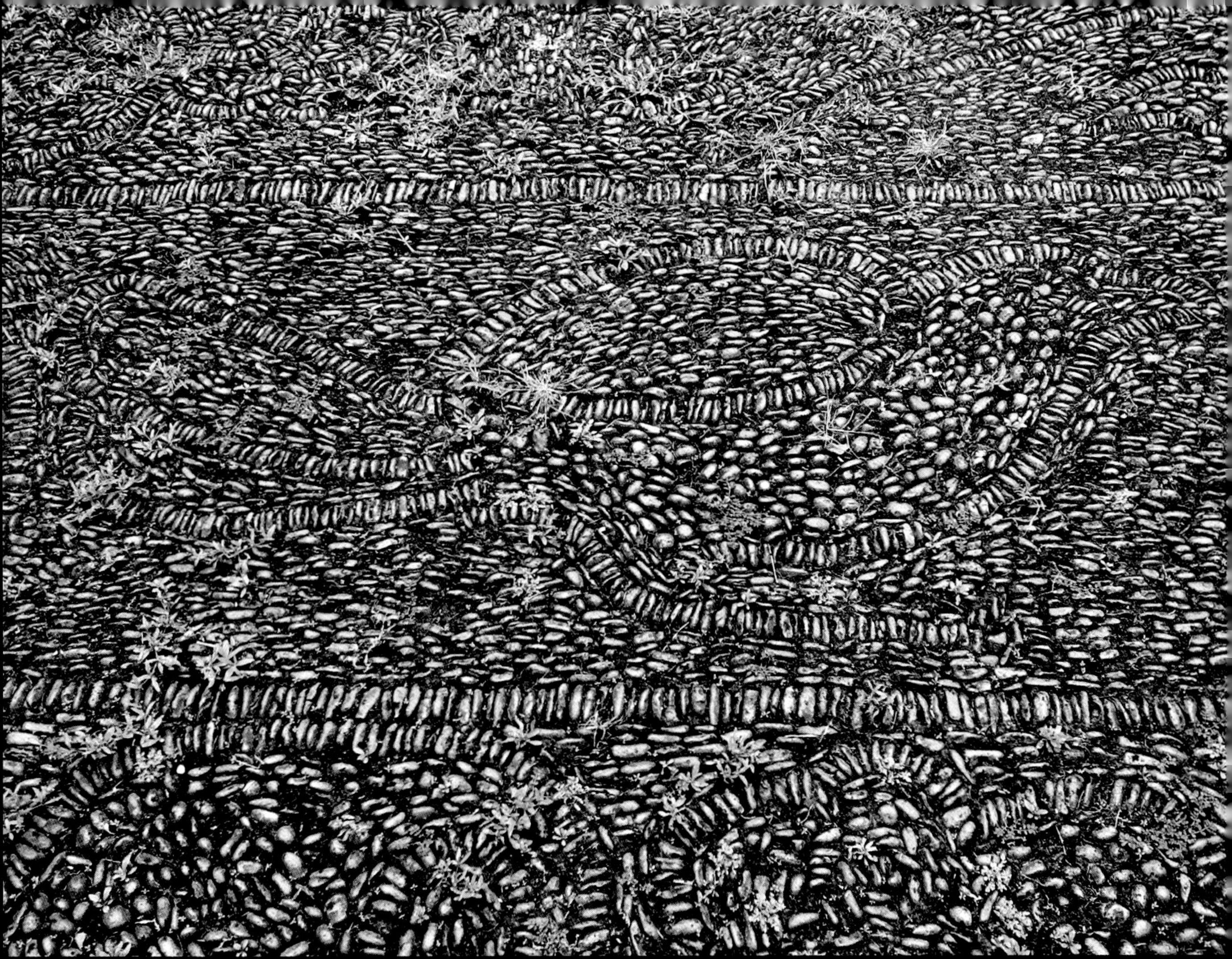
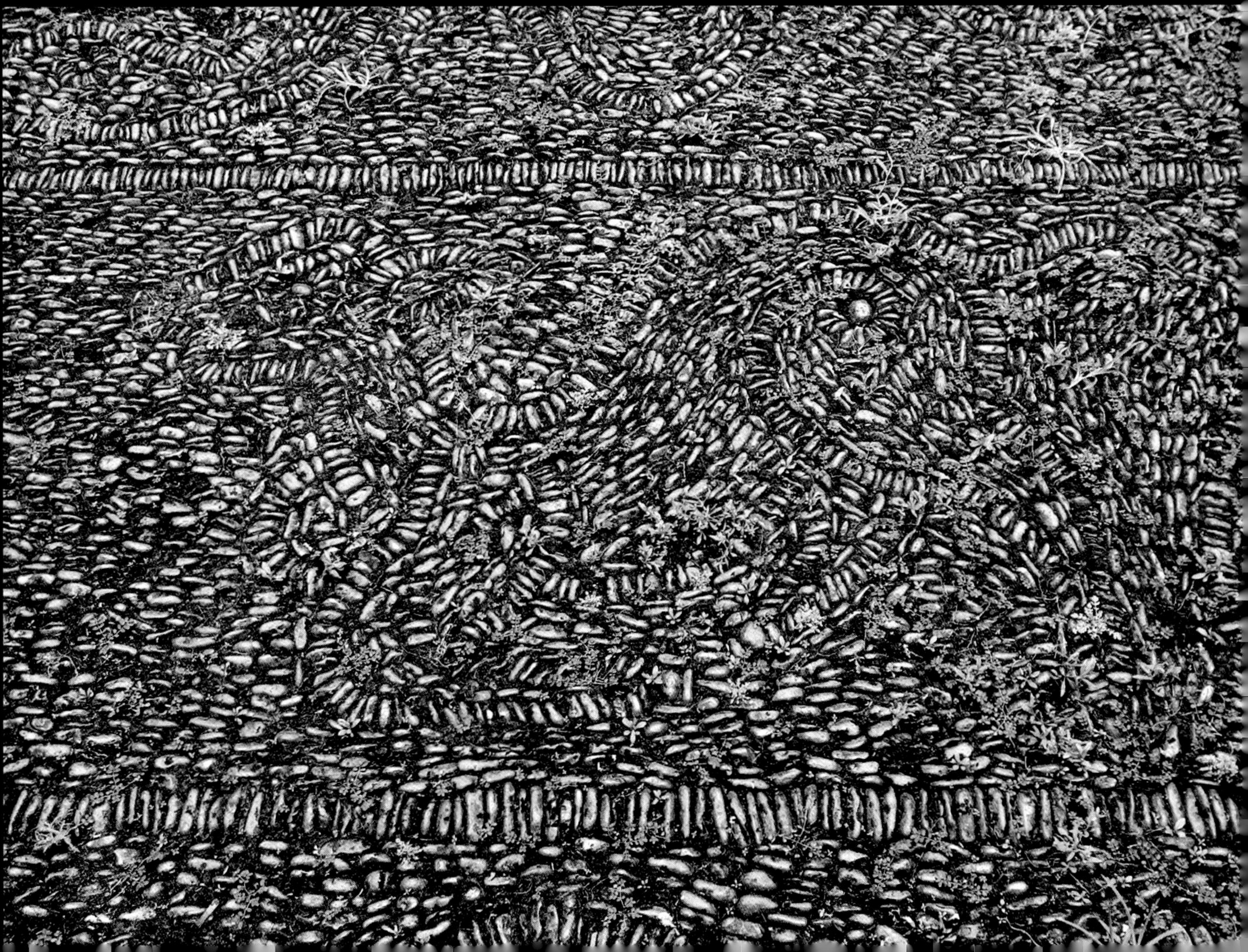
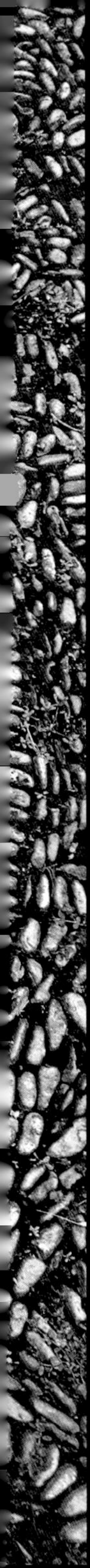

诸暨斯盛居宅双开门铜艺拉手

东阳湖头陆瑞芝堂双开门铜拉手

东阳湖店村十三间头双开门铜拉手

东阳前宅村让德堂双开门铜拉手

东阳下石塘村润德堂双开门铜拉手

婺城区汤溪镇下伊村贻谷堂铁皮大门

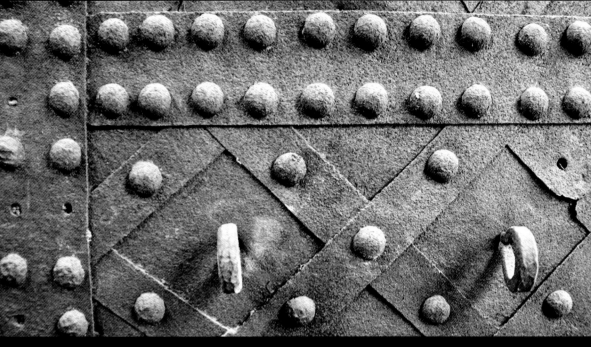

婺城区汤溪镇堰头村贻谷堂铁皮大门局部

金东区傅村镇惟善堂铁皮门正反面

婺州各地传统锡制"鹤顶镴台"（龚明伟 摄）

蜡烛台和酒壶瓶（龚明伟 摄）

镴香炉（龚明伟 摄）

镴茶壶（龚明伟 摄）

（三）清水竹艺

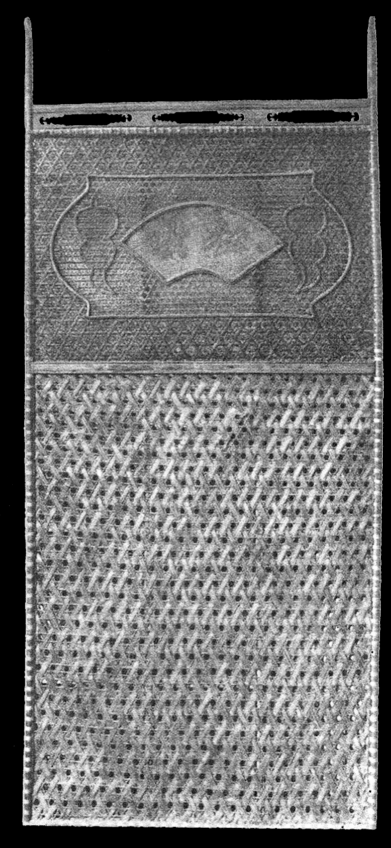

婺派建筑专用清水竹艺单扇房门帘（龚明伟 摄）

婺派建筑堂屋专用双扇门帘（龚明伟 摄）

东阳、义乌等地三层礼品沓篮（龚明伟 摄）

东阳、义乌等地两笼篮（龚明伟 摄）

东阳、义乌等地二层礼品沓篮（龚明伟 摄）

东阳、义乌等地鞋匾（龚明伟 摄）

东阳、义乌等地大小圆形挈盒（龚明伟 摄）

东阳、义乌等地大小饭篮（龚明伟 摄）

东阳、义乌等地两笼篮（龚明伟 摄）

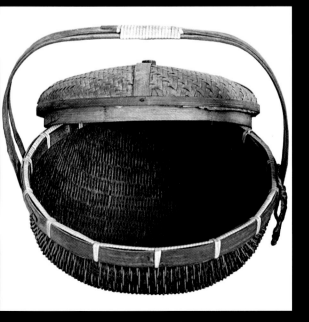

东阳、义乌等地清水竹艺大饭篮（龚明伟 摄）

清中期花床	清中期花床	清晚期花床	民国期花床

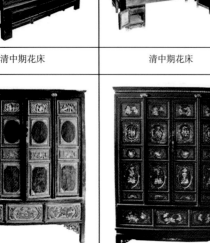			
清中期大橱	清晚期大橱	民国期大橱	民国期大橱

梳妆台	顶箱柜	铜钿柜	春凳（又称大凳）

房前桌	脸盆架	厢房明间双扇门帘	厢房次间单扇门帘

婺派建筑卧室家具（龚明伟 摄）

书桌	书柜	书柜	学生书箱

小博古架	两沓考篮	大水桶、小水桶	花几

博古架		格子式书箱	太师椅

婺派建筑书房家具（龚明伟 摄）

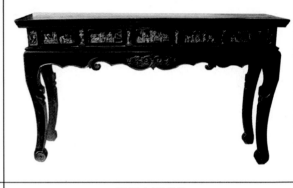

| 大厅画桌（也称画几） | 堂屋平头弯脚供桌 |

| 八仙桌 | 圆桌 |

| 明代太师椅 | 清初太师椅 | 清中期太师椅 | 清晚期太师椅 | 落地式烛台 |

婺派建筑厅堂家具（龚明伟 摄）

两眼灶	三眼灶	五层碗格柜	四层碗格柜

粮仓	水缸与板	大水桶、小水桶	钵头架
	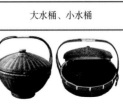		
饭桶	点心桶	饭篮	

婺派建筑厨房家具（龚明伟 摄）

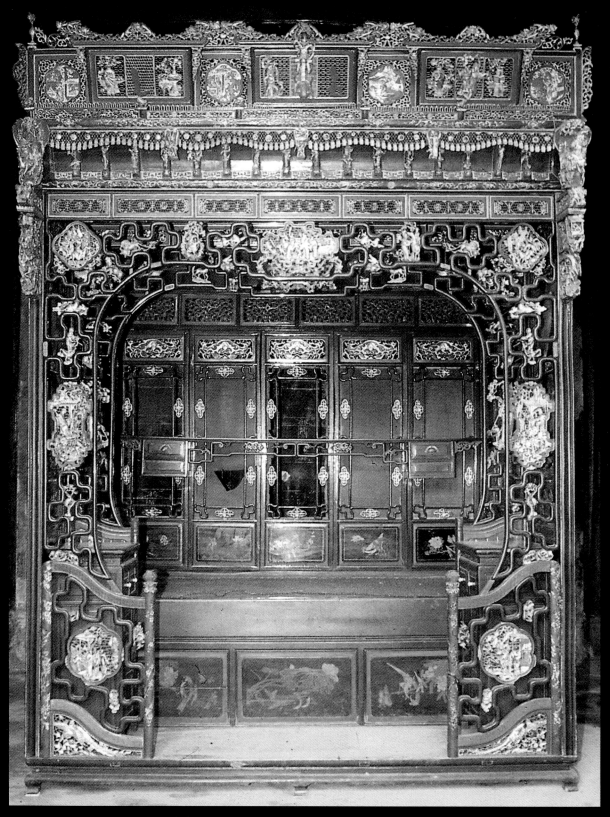

东阳清代木雕千功床（图片来源：华德韩，《东阳木雕》）

东阳紫微山明代尚书第红木嵌贝太师椅（图片来源：华德韩，《东阳木雕》）

北京故宫清代皇帝宝座

东阳卢宅肃雍堂众多功名科第荣誉匾额让人肃然起敬

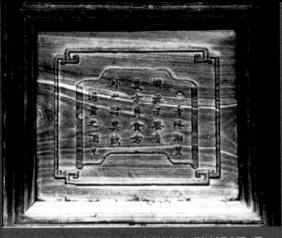

居身务期质朴，教子要有义方，莫贪意外之财，莫饮过量之酒，兄

弟叔侄须分多润寡，长幼内外要法肃词严，施惠莫念，受恩莫忘

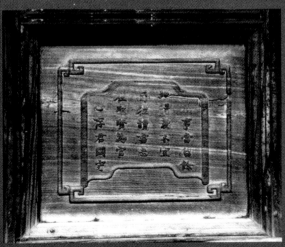

凡事当留余地，得意不宜再往，读书志在圣贤，为官心存君国，守

分安命，顺时听天，为人若此，庶几近焉，丁酉冬敬书，福舆堂

东阳白坦村福舆堂门板上刻着家训（图片来源：《东阳祠堂》）

金华婺城区上阳村存义堂大门联

金华婺城区上阳存义堂楹联

东阳卢宅肃雍堂大堂灯（一）

东阳卢宅肃雍堂大堂灯（二）（龚明伟 摄）

东阳卢宅肃雍堂元宵节张灯结彩

磐安县玉山镇某村龙凤木雕真漆彩灯

东阳西宅胡氏宗祠六面料丝灯（一）

东阳西宅胡氏宗祠六面料丝灯（二）

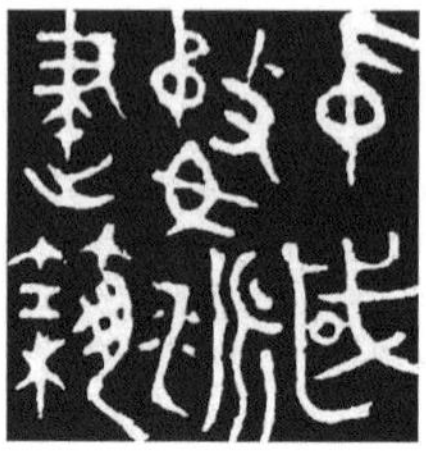

第二章　六大智慧

一、阴阳风水

东阳卢宅肃雍堂总门遥对笔架山

金华市浦江县中余乡冷坞村清渭堂遥对朝山

金华市武义县郭洞水口村

金华市婺城区堰头村水口树

金华市武义县俞源村水口树

金华市婺城区上堰头村莘畈溪

金华市婺城区汤溪镇上堰头村从莘畈溪引水自流进村的宋代叶垣堰

金华市婺城区汤溪镇从厚大溪引水自流进村的下伊村宋代堰渠

金华市婺城区下伊村明代堰渠

东阳卢宅肃雍堂主出入口区鸟瞰（龚明伟 摄）

东阳卢宅肃雍堂总门区鸟瞰（龚明伟 摄）

东阳卢宅肃雍堂总出入口用三座雄伟壮观的石牌坊，凸显空间序列起始点的气氛与美学效果

东阳卢宅肃雍堂中轴线序列总出入口第二座石牌坊

走过三座石牌坊90°左拐进入鹅卵石甬道（上图），然后再90°右拐是国家级重点文物保护单位——东阳明清古建筑群肃雍堂的总门（下图）

跨过头门门槛，抬头便是仪门（上图），再然后是400多平方米让人豁然开朗的中国传统民居最大院落和
庄严肃穆的肃雍堂（下图），有收有放，或明或暗的空间序列之美，便如此这般地铺展

走过穿堂（上图）在乐寿堂回眸是精致的三间三楼砖雕门坊（下图），
可惜中国最早的镶砖防火移门没有了

穿过世雍堂走廊（上图）是世雍中堂（下图），但失火烧毁仅作遗址保护

上图为卢宅中轴线第九进大院落，下图为第九进的明间堂屋，供奉祖先牌位。肃雍堂中轴线九进厅堂与两厢建成，用了二百六七十年时间。这是可持续发展的佳例

东阳卢宅肃雍堂通过角梁与象鼻昂将悬山顶转化为歇山顶

东阳卢宅肃雍堂仪门檐柱斗栱

东阳卢宅肃雍堂木结构局部

东阳卢宅世雍堂檐部木结构

东阳南马清代让德堂中缝抬梁式木构架

武义宋代延福寺屋顶转角斗栱结构

（一）房屋墙体

青砖墙

生土夯筑墙

石墙

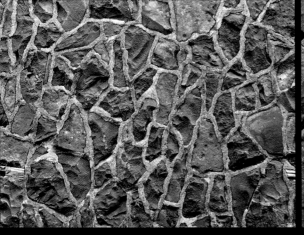

乌石墙（一）

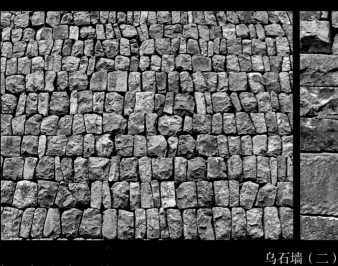

乌石墙（二）

（二） 河堤石坎

鹅卵石墙

东阳横店两座"廿四间头"传统建筑——瑞芝堂、瑞霭堂

东阳前宅让德堂

金华源东乡雅金村传统民居建筑群（摄于2017年4月28日）

东阳白坦务本堂建筑群（图片来源:《浙江民居》，1985年）

金华岭下镇岭五村传统建筑群鸟瞰（图片来源：网络）

松阳县传统村落杨家堂村，马头墙多为生土筑就

东阳画溪承启堂 · 东阳画溪锄经堂 · 东阳画溪方塘新屋

东阳画溪聿修堂 · 东阳夏里墅村瑞蔼堂 · 东阳湖头陆村瑞芝堂

东阳南马镇上安恬村廿七间头 · 东阳千祥镇下东陈村崇德堂 · 东阳虎鹿镇夏程里村慎德堂

从"十三间头"基本单元发展到"廿四间头"大宅院实例

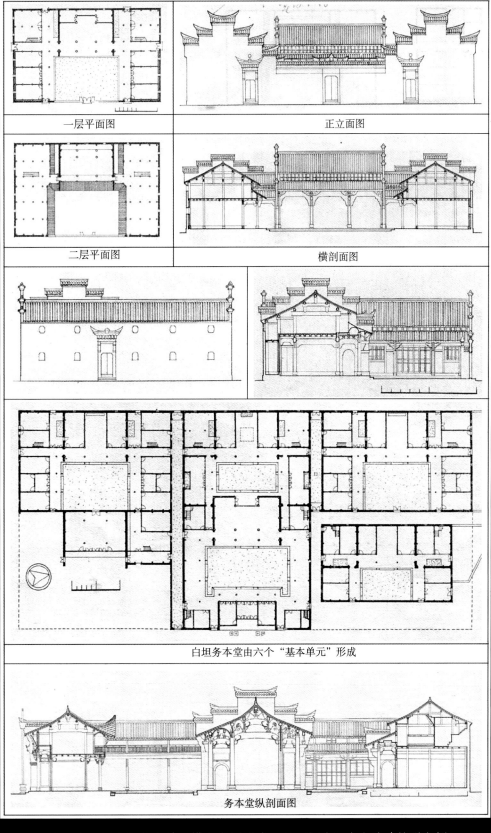

一层平面图

正立面图

二层平面图

横剖面图

白坦务本堂由六个"基本单元"形成

务本堂纵剖面图

从"十三间头"基本单元横向发层形成"廿四间头"大宅院建筑群实例

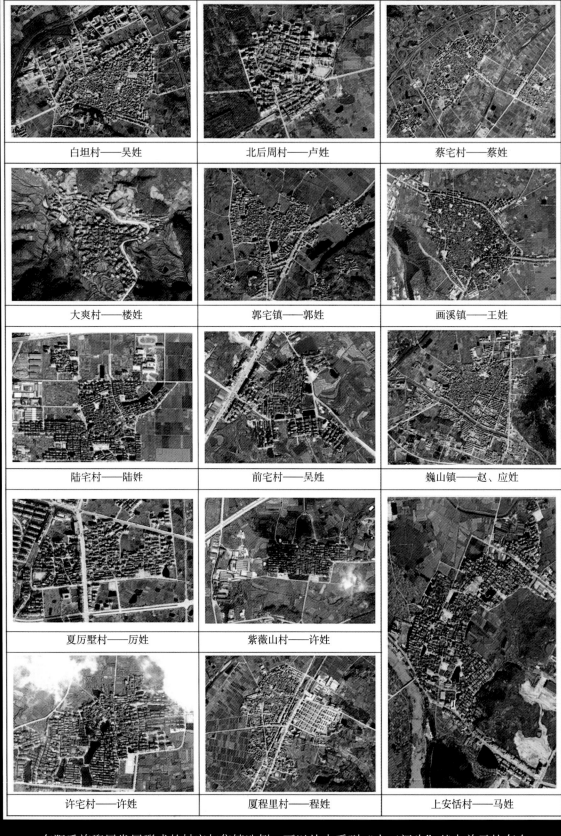

白坦村——吴姓	北后周村——卢姓	蔡宅村——蔡姓
大爽村——楼姓	郭宅镇——郭姓	画溪镇——王姓
陆宅村——陆姓	前宅村——吴姓	巍山镇——赵、应姓
夏厉墅村——厉姓	紫薇山村——许姓	
许宅村——许姓	厦程里村——程姓	上安恬村——马姓

东阳氏族聚居发展形成的村庄与集镇选例，可以从中看到"十三间头"基本单元的存在

武义县俞源俞氏宗祠

浦江县郑氏义门

婺城区上境刘氏宗祠

金华石楠塘村徐氏宗祠（内部为石柱、石梁、石结构屋架，甚为罕见）

浦江县海塘村洪氏宗祠

浦江县薛氏宗祠

磐安茶潭村明代戏台

金东前溪边村方氏宗祠戏台

金华金东区白溪村古戏台

武义县郭洞村古戏台

宋代建筑——武义延福寺

婆城区汤溪镇城隍庙

磐安县榉溪村娘娘庙

东阳潼塘村双眼井（龚明伟 摄）

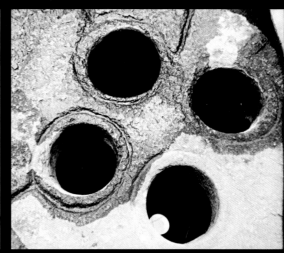

东阳城东村四眼井（龚明伟 摄）

金华汤溪镇堰头村千年水井

磐安县榉溪村老街

金华岭下镇坡阳老街

金华金东区上阳老街

金华金东区琐园村小巷（一）（图片来源：黄锦 摄）

金华金东区琐园村小巷（二）

金华婺城区寺平村小巷

新建永康方岩圆梦塔（图片来源：网络）

始建于宋大观四年或乾道六年的义乌大安寺塔（图片来源：网络）

金华万佛塔老照片（图片来源：朋友提供）

始建于大中祥符九年的浦江龙德寺塔
（图片来源：网络）

始建于清代的兰溪能仁塔（图片来源：网络）

始建于明代中期的武义万石院塔
（图片来源：网络）

东阳巍山镇庚楼

磐安楼下宅村石头字纸炉

江山二十八都廊桥

浦江郑宅清代石板桥

磐安仁川清代石板桥

武义县熟溪桥外景

武义县熟溪桥内景

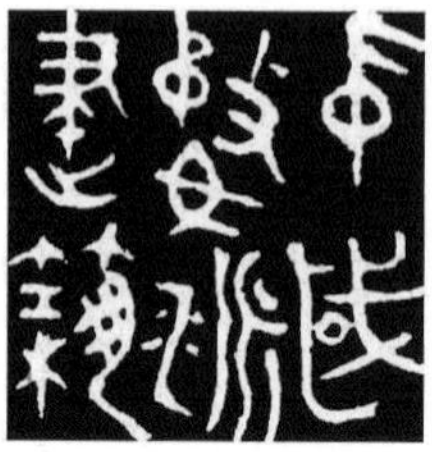

第三章　精彩非遗

一、传统游艺类　　　四、传统表演类
二、传统礼仪类　　　五、传统食物类
三、传统体育类

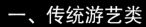

一、传统游艺类

磐安玉山龙虎大旗（孔黎明 摄）

磐安高姥山长旗（姚建中　摄）

八卦池上舞巨龙（龚明伟 摄）

古祠堂内戏雄狮（龚明伟 摄）

东阳龙灯行进中（冯丁 摄）

当代节庆版东阳龙灯（冯丁 摄）

东阳滚狮子（冯丁 摄）

东阳龙灯出迎启动之前（冯丁 摄）

盘龙阶段（冯丁 摄）

东阳许宅花灯（龚明伟 摄）

磐安玉山岭口龙灯（图片来源：磐安县旅游局）

磐安当代新编扇舞（图片来源：磐安县旅游局）

东阳民间节目过彩桥（龚明伟 摄）

东阳民间节目莲花落（龚明伟 摄）

东阳市民间节目翻九楼（龚明伟 摄）

东阳郭宅民间节目迎大蜡烛（龚明伟 摄）

东阳民间工艺彩灯光耀（龚明伟 摄）

东阳迎宾艺灯在杭州大展演（龚明伟 摄）

东阳楼店秋车（龚明伟 摄）

东阳夏程里秋车（龚明伟 摄）

磐安依山下大纸马（磐安摄影师稿）

东阳人在制作龙灯（龚明伟 摄）

东阳人元宵节观灯（龚明伟 摄）

磐安深泽先锋

东阳民间节目表演西锋起号（龚明伟 摄）

东阳西宅米塑（龚明伟 摄）

东阳夏程里"抬阁"（龚明伟 摄）

东阳蚌舞（龚明伟 摄）

东阳高跷（龚明伟 摄）

磐安深泽乡胡公节西锋开路

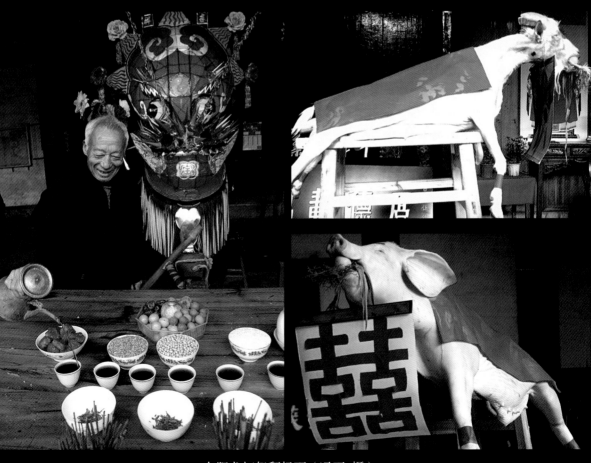

东阳龙灯祭拜场面（冯丁 摄）

磐安赶茶场庙会（磐安摄影师稿）

民间节目创作者

磐安深泽四轿八车

东阳叠罗汉（龚明伟 摄）

四、传统表演类

婺剧花旦扮相（图片来源：网络）

婺剧折子戏——《断桥》（图片来源：网络）

婺剧折子戏《僧尼会》扮小和尚的演员与戏迷

磐安民间婺剧坐唱班

磐安民间表演节目——乌龟端茶

金华各县市土产美味食品（图片来源：网络）

金华酥饼   金华火腿

婺州各地传统酒席两大美食——馒头、焐肉（上图）与饧梅、全鱼（图片来源：网络）

金华佛手（图片来源：网络）   金华茶花（图片来源：网络）

卷丹：滋补、强壮、镇咳、去痰，对肺结核及慢性气管炎的治疗有很高的疗效。

天目地黄：清热凉血，补益肝肾，用于鼻衄、热病口干、耳病。

蕺实：清热利湿，止血，解毒。用于黄疸，泻痢，吐血，衄血，血崩，白带，喉痹，肿痛。

金银花：清热解毒，凉散风热。用于痈肿疔疮，喉痹，丹毒，热血毒痢，风热感冒，温病发热。

厚朴：燥湿消痰，下气除满。用于湿滞伤中，脘痞吐泻，食积气滞，腹胀便秘，痰饮喘咳。

射干：清热解毒，消痰，利咽。用于热毒痰火郁结，咽喉肿痛，痰涎壅盛，咳嗽气喘。

桔梗：宣肺；祛痰；利咽；排脓。用于咳嗽痰多；咽喉肿痛；肺痈吐脓；胸满胁痛；痢疾腹痛；小便癃闭。

云实：种子止痢，驱虫。用于痢疾，钩虫病，蛔虫病。根发表散寒，祛风活络。用于风寒感冒，风湿疼痛，跌打损伤等。

鸢尾：活血祛瘀，祛风利湿，解毒，消积。用于跌打损伤，风湿疼痛，咽喉肿痛，食积腹胀，疟疾；外用治痈疖肿毒，外伤出血。

前胡：散风清热，降气化痰。用于风热咳嗽痰多、痰热喘满、咯痰黄稠。

丹皮：清热凉血，活血行瘀。用于吐、衄、便血，温毒发斑，骨蒸劳热，经闭痛经，痈肿疮毒，跌扑伤痛。

大蓟：甘、凉，无毒。治吐血，衄血，尿血，血淋，血崩，带下，肠风，肠痈，痈疡肿毒，疔疮。

板蓝根：清热，解毒，凉血。治流感，流脑，乙脑，肺炎，丹毒，热毒发斑，神昏吐衄，咽肿，痄腮，火眼，疮疹，舌绛紫暗，喉痹，烂喉丹痧，大头瘟疫，痈肿；可防治流行性乙型脑炎、急性慢性肝炎、流行性腮腺炎、骨髓炎。

夏枯草：治目赤肿痛、头痛、瘰疬、瘿瘤、乳痈肿痛；清肝火、降血压等。

合欢花：解郁安神。用于心神不安、忧郁失眠。

当归：补血活血，调经止痛，润肠通便。用于血虚萎黄，眩晕心悸，月经不调，经闭腹痛，肠燥便秘，风湿痹痛，跌扑损伤等。

第四章　作为结论

一、乐在其中
  （一）冬日温暖
  （二）夏日凉爽
二、后继有人——匠师辈出
三、代代相传——传承实例
四、流芳百世——名人认定

老人在廊下晒太阳（2015年12月17日）

照看孩子（2004年2月29日）

缙云县河阳村老人们打麻将（2004年2月29日）

小两口晒太阳（2004年2月29日）

夏天在走廊干重活也凉快

（2017年8月11日摄于磐安三水潭村）

东阳下石圹德润堂（摄于2013年9月26日）

磐安传统民居廊下（摄于2005年7月29日）

妈妈与孩子在廊下享受阳光的温暖（2004年2月29日摄于缙云河阳村朱宅）

夏日的东阳某宅——廊下与室内（左图摄于2014年7月2日，右图摄于2013年9月23日）

传统建筑的大院落是村民休闲娱乐好去处

初夏已超30℃气温，但在厅堂里连电风扇也没开（2017年5月25日摄于金华汤溪下伊村铁门厅大堂）

孩子在写作业（2004年2月29日）

成人打扑克

大热季节人们不用空调电风扇过日子

（上图摄于2016年8月21日磐安玉山某村花厅，下图摄于2005年7月29日磐安孔宅）

东阳王坎头某宅（摄于2014年7月2日）

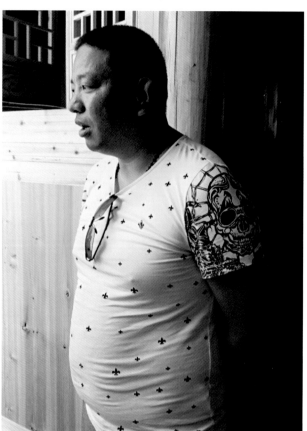

三位传统建筑修缮师傅

东阳后周肇庆堂修缮（2014年7月）

浦江嵩溪传统建筑修缮（2015年12月17日）

老匠师在现场剥小杉树片用于屋顶作类似望板的"蔽"（摄于2012年）

木雕师傅在现场雕刻提供构件（摄于2012年）

武义俞源壁画师

某地传统建筑壁画师

铁匠

小五金匠

白铁匠

木版年画雕版师

箍桶师

篾匠

索面制作师傅

金华金东区琐园村新建的婺派建筑住宅（摄于2015年）

东阳黄宾虹公园婺派建筑艺术馆

浦江新建郑宅牌坊群

磐安县城三棵树古树群广场

重新规划建设的东阳八达乡白泉村

四、流芳百世——名人认定

1983年著名诗人田间（左）参观东阳

1987年中国艺术研究院院长王朝闻（右）到东阳
考察木雕建筑

传统建筑室内装饰国际会议在东阳召开，美国室内设计学会会长（右二）英国著名室内设计师（右三）
参观木雕建筑

1992年中科院院士、东南大学建筑系教授齐康在
东阳王坎头写生

1995年著名导演谢晋（前右二）在东阳卢宅拍电影
《鸦片战争》

1995年中国名城委副主任郑孝燮、秘书长鲍世行
参观卢宅

中国设计大师、四川省人大常委会副主任徐尚志参观
兰溪、东阳

1995年著名画家韩美林参观东阳卢宅

1997年清华大学博导吴焕加（右一）、中科院院士
彭一刚（右二）、亚运会工程总规划师周治良
（左一）到东阳参观木雕建筑

2005年12月7日国家文物局古建筑专家组组长罗哲文与谢辰生在磐安玉山茶场庙小歇（杜羽丰　摄）

原国家文物局局长吕济民（前右一）等
在磐安茶场庙考察

罗哲文先生为茶场庙题字（杜羽丰　摄）

吕济民、罗哲文与谢辰生考察磐安榉溪孔氏家庙后合影（杜羽丰　摄）

2005年12月8日吕济民、罗哲文、谢辰生先生考察金华傅村镇铁门厅（杜羽丰　摄）

2004年12月8日，吕济民、罗哲文、谢辰生考察金东区傅村镇传统建筑（杜羽丰 摄）

2004年12月8日，吕济民、罗哲文考察金东区寺平村传统建筑（杜羽丰 摄）

2004年12月8日，吕济民、罗哲文、谢辰生在玉山茶叶市场，磐安县委副书记史兴（前排右二）陪同

（杜羽丰 摄）

2004年12月8日，吕济民、罗哲文、谢辰生考察金东区山头下村，金华政协主席李成昌（前排右五）陪同

（杜羽丰 摄）

1993年，中国民居学术委员会主任、华南理工大学建筑系博导陆元鼎夫妇专程到东阳考察木雕建筑

1992年，《建筑师》杂志钟训正、彭一刚、戴复东、谭志民、刘管平、黄汉民、刘宝仲、洪铁城等编委
参观卢宅肃雍堂

1989年中科院院士钟训正到东阳参观

1992年工程院院士戴复东到东阳参观

1985年工程院院士程泰宁到东阳参观

2016年诗人林莽到东阳参观

2016年诗人刘福春到东阳参观

2016年诗歌理论家骆寒超到东阳参观

2016年诗人柯平到东阳参观

2004年中国防灾学会副秘书长金磊到
东阳参观

住建部建设杂志社两刊主编金香梅到
东阳参观

各界名人先后到东阳参观传统建筑

2006年重庆大学建筑系黄天琪教授（右）到东
阳参观

1992年华南理工大学建筑系刘管平教授（中）到东阳
参观

2015年同济大学出版社社长兼总编辑支文军教授（右二）到
东阳参观

2010年原建设部建筑杂志主编王小荣到金华、东
阳参观

2009年东南大学建筑系郑光复教授夫妇（左二）到
东阳参观

1997年济南大学建筑系周今立教授夫妇到金华、
东阳参观

各界名人到金华各县市考察婺派建筑

著名诗人圣野回故乡东阳   2007年新华社记者丛亚平在东阳采访

2014年11月9日，上海剧作家瞿新华（右二）、诗人冰释之（右一）、上海书画出版社副总编徐明松（左二）及《解放日报》社文部主任潘志兴（左一）专程到东阳参观

后　记

一万一千多天，一个建筑概念得以最后形成，从满头青丝折腾到白发苍苍，免不掉有不少话想说，就写在这后记中了。

回想1983年，我一推出东阳明清住宅研究成果，就被省建筑学会选为唯一代表项目，参加中国建筑学会成立30周年活动。然后第二年初夏，又有城乡建设环境保护部设计局局长兼中国建筑学会秘书长龚德顺先生，由杭州市建筑设计院院长程泰宁（现为中国工程院院士）陪同来东阳考察。结束时他说："这次到东阳有两个收获，一是参观了木雕民居，二是结识了洪铁城。"并接着说："木雕太精美了。下个月要去参加国际建协会议，规定每人5分钟发言，就放你们东阳明清木雕住宅的幻灯片了。"

1985年12月初，我以论文《建筑美的探索》走进中国建筑界最高级别的"繁荣建筑创作座谈会"。那是一篇以传统建筑为素材写单体美、群体美、民族文化美的论文。次年，中国艺术研究院院长、雕塑家、美学家王朝闻先生偕夫人专程到东阳考察。金华指定我陪同。王院长在卢宅肃雍堂大修现场拾起一块残片跟我说："这曲线（梁须）美极了；刚中有柔，柔中有刚，刚柔相济，可见东阳木雕功夫之精深。"

我感到惊奇，我们东阳明清住宅，为什么一亮相就让人高度赞赏呢？

因为东阳木雕在中国四大木雕中排在首位，因为东阳是"泥木工的仓库"，工匠们的手艺特别高，因为东阳是"教育之乡""人才之乡"，所以传统建筑上比别人多了一些有书卷气？一连串的大问号，将我推入深深的泥淖，不能自拔。

于是我一有机会就跑古村落，看古建筑，面对一大堆问题，开始从地方志、宗谱、姓氏学、民俗学中寻找答案，开始打破砂锅问到底地走进一条不归路，在海内外30多家大型报刊发表相关文章。这是我认识东阳传统建筑的第一阶段。

1984年，我引进浙江省建筑学会到东阳开年会；1986年春，我主编的《东阳建筑》杂志与同济大学、南京工学院、重庆建工学院联手，在东阳举办全国首届建筑评论会议，我争取各种机会向外地人推介东阳明清住宅，想不到大家都为东阳精美的木雕民居拍手叫好。

1992年有三件事值得一提：一是中国建筑学会与东阳市人民政府联合举办"室内设计国际研讨会"，来了国内外数十位大名鼎鼎的设计师，我陪同参观，大家看了都竖起大拇指称赞说："这是具有国际水平的文化艺术遗产"；二是我的论文《论东阳明清住宅的研究价值》，一万三千多字，在西安召开的"中国传统建筑园林学术会议"上被安排作第一个主旨报告——第二个是向欣然先生，他是武汉黄鹤楼重建的设计师、全国人大代表；三是我写的《儒家传人创造的东阳明清住宅》一稿，被"中日传统民居学术研讨会"收进论文集，并在会议上作重点交流。这几件事可以说明什么？可以说明国内外专家教授都看好东阳明清木雕住宅。

1996年3月，金华市有关部门通知我陪同国家文物局专家罗哲文先生等人考察兰溪、龙游与衢州。衢州因有古城墙和孔庙，已获国家级历史文化名城殊荣。我暗地里想，孔庙我们也有。于是回家翻起县志和市志，最后翻出磐安县榉溪村有南宋理宗朝准建的孔氏家庙，而且还有几十幢跟东阳差不多模样的明清时期宅院民居，特撰写长文《中国第三圣地，孔氏婺州阙里》，在《中国文物报》发表。想不到不日被《人民日报》海外版和十多家报刊转载，并被传统建筑园林研究会安排在牡丹江年会上做主旨报告。会前老会长、原故宫博物院院长单士元先生还跟我说："你的论文我看了两遍，这是事实；我在读北大研究生时帮山东整理史料看到过。如果不信，可以到山东省博物院查阅。"单老的话给了我更大的信心，后来经过十年努力，国务院批准榉溪孔氏家庙为全国重点文物保护单位。

1996年9月5日，我奉调金华市文物局工作。如此，一是有机会到各县市看看我喜欢看的古村落、古建筑，让我对整个大金华明清住宅有了宏观上的了解与把握；二是到金华后在很多场合听到专家领导们称金华的古建筑为"徽派建筑"。我感到不妥：这等于我们把自己的姓氏弄错了，把自己的祖先弄错了。于是我抛出了"婺派建筑"一说。

但是很奇怪，没人反对也没人赞同。后来自我解释：没人反对大概是人家给我面子，没人赞同大概是人家一下子吃不准吧。

但不管怎么样，这一年是我正式提出"婺派建筑"概念。

在这里要多写几句是当时我正在读清华大学吴焕加教授的博士研究生，建筑哲学专业。1998年底毕业论文《建筑六论》（2000年由中国建筑工业出版社列入"建筑学博士丛书"出版）脱稿，16万字。其中先期完成的章节已在几个杂志发表，反响较好。然而导师打电话过来说："选题与内容都很好，六论可以各写一本书。但哲学是虚的，很难找出评价标准。我希望你再写篇务实的论文——就写东阳木雕住宅吧，四五万字。"大概发觉我的回答不爽快，挂断电话前导师补充一句："这方面论文你发不少了，应该没问题。"我的妈呀，还要写这么多，这不是太苛刻了吗？这一年我正好调金华市国土规划局任职，负责金华城市总体规划和好多个专项规划，工作忙得焦头烂额，哪有时间写呀？我跟市长说想放弃学业。市长说工作学业两不误，千万别放弃。无奈重操旧业，最后写出了30多万字的专著《东阳明清住宅》。

在书中，其一推出了"十三间头"三合院为东阳明清住宅"基本单元"的观点；其二根据存在特征，我认定东阳明清住宅是不同于其他地方民居的、一个以木雕装饰为特色的传统建筑体系；其三发现东阳明清住宅的业主，都是北方南迁的名门望族、皇亲国戚，所以又有了"儒家传人住宅"概念；其四发现金华所辖义乌、浦江、武义、磐安、永康等县市，也有大量的"十三间头"三合院和由"十三间头"扩容形成的大建筑群，而且还出现在金华周边的嵊州、诸暨、龙游等县市。

就这样，我的毕业论文获得了王世仁、张开济、马国馨、陈志华、楼庆西、吴焕加等评委的一致好评，获得了陆元鼎、郭湖生、周治良、郑光复、张良皋、卢济威等教授对论文初审的一致好评。

到了金华，当年年底我为武义发掘了郭洞、俞源两个村，后来获第一批中国历史文化名村头衔。隔了几年，山东济南大学城规系41名师生专程跑到东阳考察明清住宅，让我知道了他们将此书作为本科生学习古建筑的一本重要读本。

事后想想，倘若不是当年导师"苛刻"，说不定就选择建筑哲学为专业道路一股劲地走下去了，很可能没有《东阳明清住宅》这本书，而且也因此可能没有今天这本《中国婺派建筑》了。

2003年退休后，我连续推出三本书。一是以村落原始规划为主要内容的《经典卢宅》，一是以村落人文历史为主要内容的《沉浮樟溪》，一是以村落风水环境格局为主要内容的《稀罕河阳》。将工作从传统建筑的单体研究推向群体、聚落的宏观研究——因为我从事城市规划，对上海等从几百年前的小村庄变成如今的大城市和超大城市感兴趣——这得到了我国古建界泰斗罗哲文、谢辰生、吕济民等老先生的赏识,而且引起我国城市规划界、建筑设计界两院院士吴良镛教授的关注,特地寄赠了他研究人居环境的专著。

2004年收获:一是我写的《论卢宅聚落原始规划》一稿,被作为中国学者带头稿入编中、日、韩三国在日本联合召开的"亚洲建筑国际研讨会"论文集;二是我的《"四线"控制论》一稿,被中国城市规划学会编入年会优秀论文集;三是先后有写婺派建筑阴阳风水的、写婺派建筑防灾安全的和写婺派建筑基本单元形成聚落的论文应邀分别在庐山、太原、拉萨召开的全国会议上作报告,而且还应邀为河南内黄、四川渠县、甘肃定西及浙江大学等作婺派建筑相关内容的学术报告。

前年,也就是2016年,我的《"十三间头"拆零研究》交付出版。中国工程院院士马国馨先生为我写了序。在"内容提要"中笔者写道:"十三间头"是东阳明清单幢三合院住宅的民间俗称,由十三个房间和一个院落组成,是"婺州民居"或说"婺派建筑"中的"基本单元",最典型的代表作。这个基本单元经过几百年的锤炼、传承、使用,实践证明已达到很完整、很科学、很规范的境地,是形成建筑群落的"复合细胞体"。由若干个"十三间头"可以组合成大小不一的建筑群落,然后由若干个大小不一的建筑群落形成了规模不同的村庄,这也是东阳明清聚落形成的生态规律所在。本文采用当代西方文明的"拆零"技术将"十三间头"住宅基本单元的土地利用、空间构成、功能设置、户型结构、日照间距、防火设计以及阴阳卦位等等方面作为"零部件""拆"开来进行详细深入的分析,目的为了证明其科学性、经济性、技术性和人文关怀等特征的存在,从而为现代城乡规划、建筑设计揭示一个几百年来永葆青春活力的思维规律与设计方法。

这两年,我把婺派建筑升格为"中国儒家文化标本"和"中国国学活化石"来解读、诠释。其论文分别在《中华民居》《中国建筑遗产》《建筑》等大型杂志发表。2017年5月5日,《中国儒家文化标本:婺派建筑》应邀在住房和城乡建设部召开的"中国传统建筑的智慧"座谈会上作重点发言,并入编《中国传统建筑的智慧》论文集与中央电视台的纪录片;5月18日,应邀在浙江省住建厅召开的会议上发言;11月22日,应邀在东阳召开的"第十五届全国建筑业高峰论坛"上作主旨演讲;并先后应邀给东阳读书会、走进琐园的外国大学师生、金华市规划学会等作报告。

金华、永康、东阳、磐安和江西婺源、四川渠县等，先后聘我为规划建设顾问，《建筑师》《华中建筑》《中国建筑文化遗产》《中华民居》《景观设计学》等大型杂志聘我为编委，武汉城市建设学院、浙江师范大学聘我为兼职教授，金华职业技术学院请我出任专业指导委员会主任。

2005年中国建筑学会授予我"资深会员"荣誉；2005年、2010年中国民族建筑研究会先后授予我"优秀民族建筑工作者"与"特别贡献人物"称号；2016年中国文物保护基金会为我颁发"传统村落守护者"优秀人物奖；2017年住房和城乡建设部建筑杂志社授予我优秀特约撰稿人称号，并先后获得国内外规划设计大奖数十次。

在此应该坦言，如果没有这漫长的三十多年时间不离不弃的铺垫、深化，就没有今天这本《中国婺派建筑》；我认为是这个"婺派建筑"研究课题让我沾了光，得了这些荣誉。

这本书，分上、下两卷。上卷是正文，用文字为"婺派建筑"介绍来龙去脉及分布状况，并归纳了"五大特征"，挖掘了"六大智慧"，概括了"六大价值"；下卷是照片图片，按序排列。本书图片除注明摄影者外，多为本人拍摄。也有少量图片来自磐安县的摄影师和收集于网络，在此对摄影者深表感谢。

需要说明的是这本书，与樊炎冰先生主编的《中国徽派建筑》（中国建筑工业出版社出版）不一样。他以厅堂建筑单体为纲目，我只采用了对应的书名。

为了让读者弄清"婺派建筑"几大特征，书中不免拿"徽派建筑"作比较。但在推出"婺派建筑"过程中，没有半点贬低"徽派建筑"之意。如有不妥之处，恳请徽州朋友和研究徽州的行家里手提出宝贵意见。

明眼人都看到了，徽派建筑以屏风墙、小天井、小堂屋、小户型为特色，可谓之"紧凑型"住宅建筑单元，小巧玲珑，十分精致；婺派建筑以马头墙、大院落、大厅堂、大户型为特色，可谓之"巨宅型"住宅建筑单元，气势宏伟，精雕细刻。但不管怎么样，在中国建筑文化百花园里，各有各的存在意义与价值，谁也不可能替代谁，谁也不可能吃掉谁，谁也不可能兼并谁。粗看表面都是粉墙黛瓦，其实还有不少你中有我、我中有你之处。

打个比方，徽派建筑与婺派建筑两者宛如姐妹花、并蒂莲，甚至可以说是连理枝，或者说一个像1号宋体字，一个像3号楷体字。表面上看很相似，但实际上形态不同，风格不同，比例尺度不同。这是不能不承认的客观存在。而这些不同，笔者讲了，是文化体系、文化属性不同所决定的。

但是，两个建筑流派虽然不属于同一文化体系，但在徽派建筑中，也有不少官宦住宅；在婺派建筑中，也有不少富商住宅。而且特有意思的是，徽州官宦沿用了当地徽派建筑模式建造家园，婺州富商沿用了本地婺派建筑的模式建造家园。这恐怕就是所谓的地方文化大一统现象，类同于一地人使用同一种地方语言。

写到最后，这本书值不值得出版？作为著者好像没有必要多加说明了。这本书的意义、价值何在？著者更没有必要自吹自擂了。

这本书值不值得出版，编辑说了算；有没有意义，读者说了算；有没有价值，历史说了算。

这里笔者想补充的是，经过三十多年时间的"折腾"，一个建筑体系，或说一个建筑流派、一种建筑风格，或说一种建筑模式，或说一种建筑价值，或说一种建筑文化，终于有机会与更多人见面了。虽然从满头青丝折腾到白发苍苍。

同时我也为创造了"婺派建筑"的东阳老乡及金华各县市人、婺文化区人感到庆幸与欣慰。因为埋在"浙江之心"的这个文化瑰宝——中国国学的活标本、活化石，终于可以让更多人看到了，知道了，分享了。

感谢北京、上海、天津、武汉、杭州、婺源、徽州以及广东等地院士、大师、教授、编辑以及朋友们几十年来的鼓励与支持。

当然，十分值得庆幸的是此书得到金华市政协的支持，主席陶诚华同志为此书出版作了精心安排，文史委主任吴运龙同志细读书稿并提出宝贵意见，万分感谢！

感谢尊敬的谢辰生先生为本书撰写序言。

感谢篆刻家陈金彪先生、书法家郑和新先生为本书特制佳作增加色彩。

感谢金华市九三学社、金华市婺文化研究会、老科协建筑分会、古村落研究会及金华城市规划学会等单位的关心与支持。

还要感谢金华毕志源、杜羽丰、徐伟、周国良、汪燕鸣、徐进科、李英，东阳陈荣军、金锵、龚明伟、韦锡龙、胡新蕾、徐永生，磐安张大华、张明华、厉仲云、周江涛等先生、女士们的协助与支持。

同时借此机会，要特别感谢生我养我的故乡故土、列祖列宗，给我们创造了这么多具有国际水平的文化艺术遗产，特别感谢金华各地乡里乡亲世世代代坚守家园，不怕辛劳将这些文化艺术遗产保存下来，使中华民族文化大观园以丰富多彩的状况存在。

洪铁城

2018年3月6日写于金华